ダービースタリオン マスターズで学ぶ
ゲームUI/UX
制作実践ガイド
Unity 対応版
西村 拓也、冨田 篤 著
ParityBit
DRECOM
Born Digital, Inc.

本書のダウンロードデータと書籍情報について

本書で解説した「DMUIFramework（Unity対応版）」は、著者が公開している以下のGitHubのサイトからダウンロードが行えます。フレームワークのご利用にあたっては、書籍の該当ページをご確認ください。

https://github.com/tnishimu/DMUIFramework

また、ボーンデジタルのウェブサイトの本書の書籍ページ、または書籍のサポートページでは、発売日以降に判明した正誤情報やその他の更新情報を掲載しています。本書に関するお問い合わせの際は、一度当ページをご確認ください。

ダービースタリオン マスターズ

配信・開発：株式会社ドリコム
著作：株式会社パリティビット／© 2016 ParityBit
公式サイト：http://dabimas.jp/

はじめに

本書は、長年愛されている競馬シミュレーションゲームである「ダービースタリオン」シリーズの最新作でありスマートフォン向けにリリースした「ダービースタリオン マスターズ」（以下、ダビマス）の UI 制作における解説書です。本書はダビマスのゲーム紹介のあと、「デザインパート」「エンジニアパート」と 2 つのパートに分けて解説しています。

「デザインパート」では、スマートフォンゲーム開発初期においての UI/UX の中核を担うコンセプト決定手法について、および、ダビマスではリリース後の運営も見据えたゲームであるため、リリース時から各種機能が増えることも踏まえた UI デザイン・レイアウト設計について解説しています。また、制作においての各デザイナーの役割やデータ量産に向けたツールの選定や、そのツールを用いたワークフローについても解説しています。

「エンジニアパート」では、ダビマスの UI 機能を実際のゲーム画面を用いながらどのような思想で実装しているかを解説しています。この実装にあたり UI フレームワークを作成した上で、いかに機能の共通化を図り、質の安定と開発スピードの向上へ繋げたかを述べています。また、ダビマスでは使用していませんが、本書向けに同等の思想で実装した Unity 向けの UI フレームワークのソースコードも公開しています。そして、この UI フレームワークの使用方法、内部の仕組みを中心に解説も行っています。

この 2 つのパートによる解説は、スマートフォンゲームの UI 制作においての、計画からプレイヤーが操作できるまでの制作フローの 1 手法としての提案でもあります。本書が、現在すでにゲーム制作を行っているデザイナーやエンジニアはもちろん、ゲーム制作に関わる他職種の方、また、これからゲーム制作を目指す他業界の方や、学生の方にも影響を与えることができれば幸いです。

著者を代表して　西村 拓也

本書の構成

本書は、「ダービースタリオン マスターズ」を例にしたゲーム UI/UX 制作手法を解説した書籍です。本書は、大きく 2 部構成となっており、解説する内容や読者対象が異なります。デザイナーとエンジニアがチームを組んでゲーム制作を行う際には、双方の仕事の概要を理解しておくことで円滑な進行が行えるようになります。本書の内容は、その際にも参考になるように構成しています。

「デザインパート」は、ゲームの UI デザイナーを対象にしています。デザインパートでは、UI デザインの設計と実装、デザイン制作のワークフローを中心に解説しており、Photoshop などのデザインツールを使った画面制作や SpriteStudio などのアニメーション制作の具体例を解説しているわけではありません。

「エンジニアパート」は、ゲームの開発者を対象にしています。本書で解説する「DMUIFramework」は Unity に対応しているため、「Unity ／ C#」でのゲーム制作の経験があり基本機能を把握していること、Unity のコンポーネントによるゲーム開発の思想が理解できていることを前提としています。

本書は、以下のパートと章で構成されています。

序章 「ダービースタリオン マスターズ」の概要

本書の解説の題材である「ダービースタリオン マスターズ」の概要を紹介します。「ダービースタリオン」シリーズは、家庭用ゲーム機などさまざまなプラットフォームで発売されてきましたが、スマートフォンでダビスタの世界観を実現するための UI のポイントも解説しています。

デザインパート

1 章 ソーシャルゲームにおける UI デザイナーとは

昨今のソーシャルゲームではゲームの規模が大きくなったことで、デザイナーに幅広い知識が求められたり、分業化が進んだりなど、制作におけるデザイナーの重要性が増しています。ここでは、本書における「UI デザイナー」のスキルセットやデザイナーの分業への向き合い方について解説します。

2 章 UI デザイン設計で開発初期に行うこと

スマートフォン用のソーシャルゲームの UI デザインや、設計を進めていくにあたり、開発が破綻しないような進め方や考え方について解説します。特に、初期段階で UI コンセプトをチーム全体へ共有できていることが重要になります。そのために必要なツールや、UI デザインから実装までのワークフローの構築などを解説します。

3 章 画面設計の手順

2 章で解説した UI デザイン設計の概要を踏まえ、具体的な画面デザインの制作時に必要な手順と考え方を解説します。また、画面の構成要素を把握しパーツやコンポーネントをデザインすることで、画面のレイアウトパターンを制作していく流れを解説します。

4章　ゲーム画面のレイアウト設計

この章では、ゲーム全体の導線設計を踏まえ、ダビマスにおけるゲーム画面のデザイン例をより詳細に解説します。ヘッダーやフッター、馬のリスト、会話ウィンドウなどのコンポーネントを組み合わせることで画面のレイアウトが構成されていることを確認します。また、そのほかのゲーム要素である「キャラクターの表示」や「アニメーション」についても解説しています。

エンジニアパート

1章　エンジニア視点のソーシャルゲームにおけるUI実装とは

ソーシャルゲームのUI実装として、バグの回避やパフォーマンスの問題、そしてほとんどのスマホゲームで実装されている機能など、共通する課題を解説します。

2章　UIフレームワークの設計思想

実際のダビマスの画面を例に、レイヤー構造で構成したUIフレームワークの設計思想を解説します。画面の機能を分割しレイヤーで作成して、それらを重ね合わせてゲーム画面を構成することによるメリットや、レイヤーの管理方法について紹介します。

3章　Unityにおける開発環境

ダビマスの開発は「Cocos2d-x」、オーサリングツールは「Cocos Studio」を用いていており、その環境でUIフレームワークを開発しています。本書では、同様の設計思想でUnity向けに移植した「DMUIFramework」を制作しました。この章では、このフレームワークの設定や概要などを解説しています。

4章　DMUIFrameworkによるUIの実装

DMUIFrameworkを用いて、Unityで具体的に実装するための手法を解説します。このフレームワークは、エンジニアとデザイナーの役割を分離し、共同で作業ができるように配慮した構成になっているので、その思想をベースにデザイナーによるレイアウトデータの作成から、エンジニアによるレイヤー操作の実装について、詳しく解説します。

5章　DMUIFrameworkを用いたサンプルゲーム制作

4章の解説を踏まえ、DMUIFrameworkを使って実際にミニゲームを作成してみます。この章は、デザイナーが画面レイアウトを行い、それをエンジニアが引き取って、コーディングすることでレイヤーを構築していくという、本書の解説の流れに沿った実装例となっています。

6章　UIフレームワークの作成手法

ここでは、UIフレームワークの設計者の視点で、DMUIFrameworkのソースコードの解説します。DMUIFrameworkをより深く理解して、ゲーム制作に役立てる際や、新規にフレームワークの設計や実装を行う際にも役立ちます。

「DMUIFramework」の動作環境

本書で解説した「DMUIFramework」は、以下の Unity のバージョンで動作を確認しています。

- Unity 5.6.6
- Unity 2017.4.3
- Unity 2018.1.2

Unity のバージョンアップによって、「DMUIFramework」が動作しない場合は、以下のサイトで Unity の過去のバージョンのダウンロードが可能です。

- Unity ダウンロード アーカイブ
  https://unity3d.com/jp/get-unity/download/archive

「DMUIFramework」のライセンス

DMUIFramwork は、MIT ライセンスのもとに公開しています。ライセンスの詳細については、以下ののWeb ページを参照してください。

https://opensource.org/licenses/mit-license.php

「DMUIFramework」には、サンプルゲームが付属していますが、このゲームのデザイン素材は、クリエイティブ・コモンズ（https://creativecommons.jp/licenses/）のものを使用しています。

CONTENTS

コラム一覧

序章 CHAPTER 0

「ダービースタリオン マスターズ」の概要

本書は、「ダービースタリオン マスターズ」を題材とした「ゲーム UI/UX 制作」の解説書です。序章では、このゲームになじみのない人のために最初にゲームの概要と、スマホ版特有の UI について簡単に解説しておきます。

「ダービースタリオン マスターズ」（以降「ダビマス」と表記）は、2016 年 11 月 1 日に株式会社ドリコムがサービスを開始したスマホゲームで、執筆時の対応 OS は iOS、Android、Windows PC（DMM GAMES）です。ダビマスではプレイヤーがオーナーブリーダーとなり、競走馬を生産・育成し、レースに出走して重賞タイトルや、賞金を獲得し、最強馬を目指す「競走馬育成シミュレーションゲーム」になります。

「ダービースタリオン」シリーズは、1991 年にアスキーより発売された「ベスト競馬・ダービースタリオン」から始まったシリーズであり、PC、家庭用ゲーム機向けに発売されてきたゲームで、25 年以上もの間、多くのファンに愛され続けています。

図 ダービースタリオン マスターズのゲーム画面

0-1 ソーシャルゲームの要素を持ったダービースタリオン

「ダビマス」は、シリーズ初のスマートフォン向けにリリースしたタイトルであり、基本無料のゲームアプリで、アプリ内に課金があります。ダビマスの中では、「ダビフレ」というほかのプレイヤーとゲーム内でフレンドになる「ソーシャルゲーム」の要素を持っています。

家庭用ゲーム機のダービースタリオンでは、ほかのプレイヤーが生産した競走馬といっしょにレースを行う「ブリーダーズカップ」（以降「BC」と表記）がありました。これは、競走馬を登録するとパスワードが表示され、このパスワードをほかのプレイヤーのゲーム内で入力することで、いっしょにBCを走ることができるという仕組みでした。

これに対して、ソーシャル要素を持ったダビマスではパスワード入力の手間はなく、フレンドが登録してある競走馬をその場で選んでBCを楽しめます。また、過去には雑誌が主催していたBCも数多くあり、プレイヤーは育てた競走馬のパスワードを投稿して、レース結果が雑誌に展開されるというイベントもありました。

この仕組みを取り入れる形で、ダビマスでは全国のプレイヤーと頂点を争うイベントである「公式BC」を定期的に運営側が主催しています。プレイヤーは育てた競走馬を登録し、公式BC開催期間は自身の競走馬がどこまで勝ち上がったかレース結果の配信を通して確認できます。

このソーシャルゲームの仕組みが加わったことにより、競走馬の育成方法も変わることになりました。家庭用ゲーム機では、ゲームデータのリセット機能を利用して巻き戻しながらより最強となる競走馬の育成を行えましたが、ダビマスではサーバーにゲームデータを持つことにより、リセットのような巻き戻しはできず、競走馬の育成ループをいかに多く繰り返すかが重要なポイントの1つになっています。

図0-1-1 「ダービースタリオン マスターズ」公式ページ

0-2 スマートフォン向けに最適化されたダービースタリオン

スマートフォン向けのゲームは 2010 年ごろ、iOS では iPhone 3GS、Andorid ではバージョン 2 系から流行りはじめました。家庭用ゲーム機のコントローラーとは違い、画面上の仮想ボタンを操作することでゲームを進めることになるため、ゲーム画面内には操作用の「UI デザイン」が必要になります。

また、ダビマスが最も狙うターゲットユーザー層は、かつてダービースタリオンをプレイした 30 代以上の忙しい社会人であるため、通勤移動などの際に片手で手軽にサクサクとテンポよくプレイできることを目指しました。

図 0-2-1 ダビマスは、スマホでサクサク、より分かりやすく

PS 版ダービースタリオン

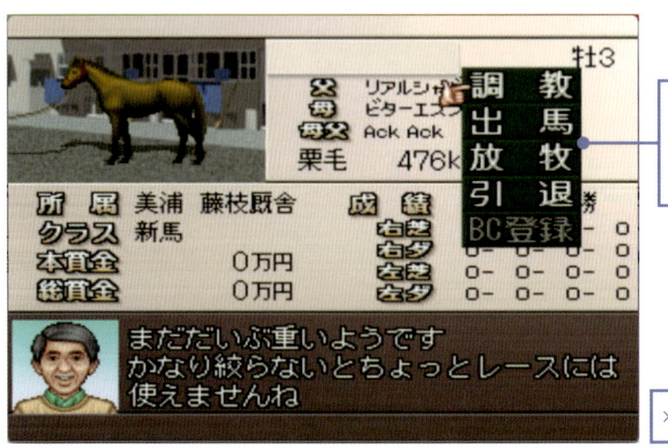

・調教選択画面へ
・レース出走選択画面へ
・放牧選択肢表示
・引退選択肢表示
・BC 登録選択肢表示

×ボタンによる戦績データ表示へ

図 0-2-2 PS 版ダービースタリオンでの馬詳細画面

先ほど述べたように、ソーシャルゲームの要素が加わったことで育成スタイルも変化したので、競走馬の育成サイクルを速く回せるようにするために、レースのスキップ機能をシリーズ初で搭載するなど多くの試みが生まれました。

そのなかで、UI の最適化も非常に重要な役割を果たしました。たとえば、PS 版ダービースタリオンでの馬詳細画面では 6 つの選択肢ですが、ダビマスでは 16 の選択肢があります。

このように 1 つの画面で、プレイヤーが多くの選択ができるような UI デザインに最適化しています。

スマートフォン版ダービースタリオン マスターズ

図 0-2-3「ダービースタリオン マスターズ」での馬詳細画面

また、育成サイクルにおける調教でも UI デザインの最適化の効果が発揮されており、育成がメインとなる画面のほぼすべてにおいて日付進行が行えるように、画面右上にカレンダーボタンを配置しています。これにより調教における画面遷移数も減ることになり、調教サイクルの手間を減らすことにつながっています。

一例として次の図は、PS 版ダービースタリオンとダビマスの「調教→翌週へ→調教」のサイクルを比較した図ですが、PS 版の⑥、⑦、⑨に該当する画面遷移が、ダビマスでは省略されています。

①厩舎：馬選択
②馬詳細画面
③調教選択画面
④調教演出画面
⑤馬詳細画面へ戻る
⑥厩舎へ戻る
⑦翌週へ進める
⑧月収支画面
⑨厩舎：馬選択
⑩馬詳細画面

図 0-2-4 PS 版ダービースタリオンでの調教サイクル

また、エンジニアリングとしてもサクサクを実現するためのチャレンジもあります。ゲームデータをサーバーに残す際に通信を感じさせないように、サーバーの処理速度を高めるための実装など数多くあります。ただし、本書では UI の実装に焦点を当てた内容を詳細に解説します。

スマートフォン版ダービースタリオン マスターズ

①厩舎：馬選択

②馬詳細画面

③調教選択画面

④調教演出画面

⑤馬詳細画面へ戻る／翌週へ進める

⑥月収支画面

⑦馬詳細画面へ戻る

図 0-2-5 「ダービースタリオン マスターズ」での調教サイクル

0-3 スマートフォンゲーム、ソーシャルゲームのUIとして求められること

スマートフォンでのゲームのUIの特徴として、画面上の仮想ボタンなどプレイヤーの操作を促すデザインが必要になります。コントローラーでも起こり得ることとして、同時押しの判定は考慮しなければならない処理ではありますが、そもそも画面上にタッチして仮想ボタンを押すこと自体、プレイヤーにとってはわかりにくい操作です。

UIの操作の体感を少しでも上げるため、ボタンの押下アニメーションや、どこをタッチしたかがわかるようなタッチエフェクトは、近年のスマートフォンゲームでは当然のように見られます。

また、ソーシャルゲームは元来ブラウザ上でのゲームであるため、ゲームの操作はブラウザのページ切り替えとしてサーバーとの通信が入ります。スマートフォンアプリのソーシャルゲームでも、サーバーにゲームデータを残すためにゲームの至るところで通信を挟んで処理を行う必要があります。

アクションゲームなどのリアルタイム性が求められるゲームでない限り、通信における不具合をなくすためにも通信時はほかの操作を受け付けないような仕組みが入ることは多々あります。

また、ソーシャルゲームならではとして、ゲームデータをほかのプレイヤーと共有する必要性があるため、プレイヤーの不正操作によりデータの改ざんを許してしまっては、ゲームバランスが崩壊しサービスとして成り立たなくなってしまいます。そのためゲームデータの書き換えは、常に通信を行う必要があります。

そして、Android端末特有の問題ではありますが、AndroidにはバックキーがOSとして備わっています。Androidの利用者は、「前に戻る」操作としてバックキーを押す行為が身についています。この仕組みに対応していないゲームは、Androidユーザーとしては体感が悪くなる要因になるため、バックキーの実装対応は必須になります。

0-4 スマートフォンゲームのUI実装と職種の関わり

ダビマスのようなゲームの規模では数十人での開発メンバーで、違う職種の人との連携も常に発生します。序章の最後に、UIの実装を行うデザイナー、エンジニア、テスターと、その関連について触れておきます。

UI/UXデザイナー

「ダービースタリオン」という大もとのゲームデザインはありますが、前述のようにスマートフォンという縦持ちのゲームであり、コントローラーによる操作はなく、サクサクとゲームを遊べるテンポ感が求められたことで、従来のダービースタリオンの体感を維持しつつも、異なったUIデザインが必要になりました。

また、ダビマスはプレイヤーにアクション性の高い操作を求めるゲームではないため、

UIデザインがゲームのユーザーエクスペリエンス（ユーザー体験）に直結しています。
UI実装フローでは、オーサリングツールによるUIのレイアウトデータ、アニメーションの作成を行っており、エンジニアの手が極力介入しないことで、デザイナーのイメージを直接ゲームへ反映しています。デザイナーが自由にUIを調整できる環境を用意することで、実装するエンジニアとのコミュニケーションに関する時間をカットすることもできます。
UIの最終調整など細部へのこだわりは、コミュニケーションがネックになることが多く、妥協も生まれてしまう箇所であるため、自由度を高めることはクォリティの向上にもつながります。
UIデザインの詳細については、後述の「デザインパート」で解説します。

UI実装エンジニア

ダビマスでは、クライアントエンジニアは最大10人在籍して機能を実装しており、その中でもUIの各種機能の実装が多くを占めていました。デザイナー、エンジニア間やエンジニア同士での連携を取る上では、ルール決めによる統率を図ることで、担当差分によるルールの違いや実装の違いが生まれることを避けます。この統率を取るための仕組みとして「UIフレームワーク」を作成しました。
また、UIフレームワークという中核を用意することで、どの画面においても実装すべき機能（戻る機能、通信時のタッチ不可など）を提供することができます。プロジェクトの終盤の量産に注力する際には、どの画面にも実装すべき項目を各人が実装しなければならない状況になり、実装する時間は当然のことながら、実装時の気遣いなど精神的な負担も増えてしまいます。この負担をUIフレームワークにより担保することで、各人のUIの実装コストが下がり、実装スピードのアップにつながります。
UIの実装の詳細については、後述の「エンジニアパート」で解説します。

UIのテスト

ダビマスでは、初回リリースまでのあいだに「クローズドβテスト」「東京ゲームショウのプレイアブル出展」「YouTuberによるプレイ実況」といった、一般のプレイヤーを対象としたプレイアブルな状態でリリースしなければならない機会がありました。
一般の意見を取り入れることは、ゲームとしての完成度をより高める機会となりました。しかしプレイしてもらうためには、UIにおけるクォリティはリリース相当に高くする必要があり、質が低い状況でプレイしてもらっても参考になりません。
これらのプレイ機会で都度テストをしていますが、実装すべき機能が画面ごとに不足や不具合があると、ほかの画面にも問題があるのではないかという疑いも起き、テスト量の増加につながってしまいます。そこで、UIフレームワークという形で一定水準のクォリティを担保し、テスト工数の削減にも寄与します。
ダビマスのプロジェクトでは、Quality Control（QC）担当が社内／外注テスターから挙がってくるバグ報告に対して内容チェック後、エンバグなどの影響も踏まえ、修正判断、修正後のチェック項目作成、および修正したソースコードをどのタイミングで反映するかを判断します。これは、初回リリース後のバージョンアップにおいても続ける作業になります。

CHAPTER 1

ソーシャルゲームにおける UI デザイナーとは

デザインパートの最初に、UI デザイナーの仕事についてまとめておきます。ゲームのデザイン制作において、デザイナーの役割は大きく変わってきました。特に、昨今のソーシャルゲームではゲームの規模が大きくなったことで、デザイナーに幅広い知識が求められたり、分業化が進んだりなど、制作におけるデザイナーの重要性が増しています。

ここではまず、ゲームの変遷とそれに伴って求められるデザイナーのスキルを紹介します。そして、いまのソーシャルゲーム制作で必要になるデザインのカテゴリと、それらの仕事の概要をダビマスを例に解説します。

この章で学べること

- 本書での「UI デザイナー」とはどのようなスキルを持つ人なのかを確認しておく
- UI デザイナーは、どのようなスキルが求められているのかを把握しておく
- ソーシャルゲーム開発におけるデザイナーの業務カテゴリと、その仕事の概要について理解する

1-1 UI デザイナーに必要なスキルセット

制作するゲームによって、デザイナーの役割や制作物は変わってきますが、本書がターゲットすると「UI デザイナー」とはどういう職種なのかについて、最初にまとめておきます。

UI デザイナーに必要なスキルセット

本書での「UI デザイナー」の定義と、必要なスキルについて整理しておきます。

本書における UI デザイナー

ゲーム開発における「UI デザイナー」という言葉は、定義が非常に曖昧です。求人では「UI デザイナー」や「UI/UX デザイナー」という名称が多いものの、募集要項の内容はバラバラであり、求めているスキルセットは会社によって異なるのが実情です。

UI とは「User Interface（ユーザーインターフェース）」の略で、UI デザイナーとはインターフェースをデザインする人のことになります。一般的には、ユーザーが操作する

画面の設計やデザインをする人のことを「UI デザイナー」と呼びます。

ゲーム開発においての「UI」は、単に快適性や操作性だけでなく、ユーザーにゲームの世界観を伝える重要な役割を持ちます。テキスト情報よりもグラフィックの情報によって画面が成り立つことが多いため、非ゲームのアプリケーションと比較すると、よりグラフィカルなデザインが求められる傾向があります。

そのため、バナーなど画面の一部分のみのグラフィックデザインを行っている場合でも、UI デザイナーと呼称される場合があります。

本書では、UI デザイナーを「インターフェースの使いやすさや操作性の設計に特化したデザイナー」という意味合いで使用し、以下の作業を行う人を指します。

- 画面構成、遷移の設計
- レイアウトの作成／組み込み
- 画面遷移時などのアニメーション制作
- 画面に使用するグラフィック素材の制作

UX は「User eXperience（ユーザー・エクスペリエンス）」の略で、ゲームをプレイする相手に得てもらいたい「ユーザー体験」になります。よりよい体験をユーザーに与えることは、ゲームの満足度の向上につながります。

ダビマスでは、開発初期の時点でターゲットユーザーが明確に定義されていました（詳細は、2 章「2-1 UI コンセプトの決定」を参照）。ターゲットユーザーが決まれば、ゲームとして伝えたいコンセプトが決まってきます。ダビマスのキャッチコピーである「スマホでサクサク、より分かりやすく」がその 1 つに当たります。

ダビマスは、プレイヤーにアクション性の高い操作を求めるゲームではないため、UI デザインが UX デザインと直結します。そのため、本書では UI デザイナーが行うことは、UX デザイナーとしても果たすべき内容として記載しています。

ソーシャルゲームにおける UI デザイナーのスキルの変遷

ソーシャルゲームの開発では、これまでのゲーム開発から UI デザイナーの必要なスキルセットは変化してきました。

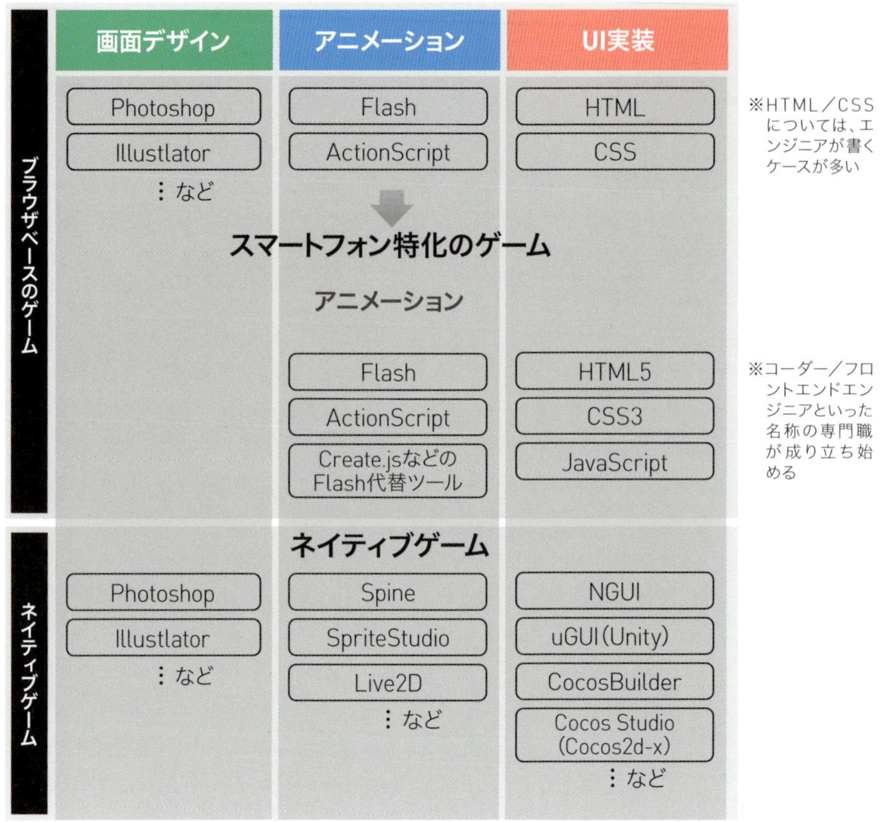

図 1-1-1 ゲーム開発のUIデザイン／実装に必要なスキルの変遷

・フィーチャーフォン向けのゲーム

フィーチャーフォン向けのゲーム開発時は、1プロジェクトの人数も少なく、端末の制約上実現できるレイアウトのパターンも少なかったため、UI設計という要素が薄く、グラフィック素材の作成とFlashによるアニメーションの制作が主であったと言えます。

・スマートフォン特化のブラウザゲーム

スマートフォンの普及台数が増え、フィーチャーフォン向けに対応しつつ、スマートフォン向けにレイアウトを最適化したゲームが主流となってきました。UIデザインという側面では、CSS3やJavaScriptを活用したフィーチャーフォン向けでは不可能だったデザインやリッチな動きなどが求められる傾向にありました。

・ネイティブゲーム

Unity や Cocos2d-x などのゲーム開発エンジンを用いた、ブラウザベースではなく、ほぼコンシューマゲームと同じような形のネイティブゲームが増えてきました。UIデザイン面では、HTML、CSS、JavaScriptなどのWebデザイン系の要素は減り、代わりにUnityの「uGUI」など開発エンジンのGUIオーサリングツールの知識や、Spine、SpriteStudioなどに代表されるアニメーション系のツールの知識が求められるようになっています。

また、開発の規模にもよりますが、1プロジェクトあたりの人数は増え、デザインの業務も多様化し、分業化が進んできています。

1-2 デザイナーの作業の分類

昨今のゲーム開発では、必要なスキルは多様化しています。デザインに関わる業務をカテゴリ分けすると、以降のような分類になります。

プロジェクトの内容や規模によって、各カテゴリに必要な人数規模や作業の分担具合が変わってきます。そのため少人数での開発の場合は、UI デザイナーでもほかの部分を兼任するケースは多く見られるので、幅広い知識が必要となってきます。逆に、大規模な開発の場合は、どのように業務を分担していくのかと、人員配置のバランスが重要となってきます。

ゲーム制作におけるデザイン作業のカテゴリは、次の図のとおりです。名称や役割は会社によって異なる場合があります。

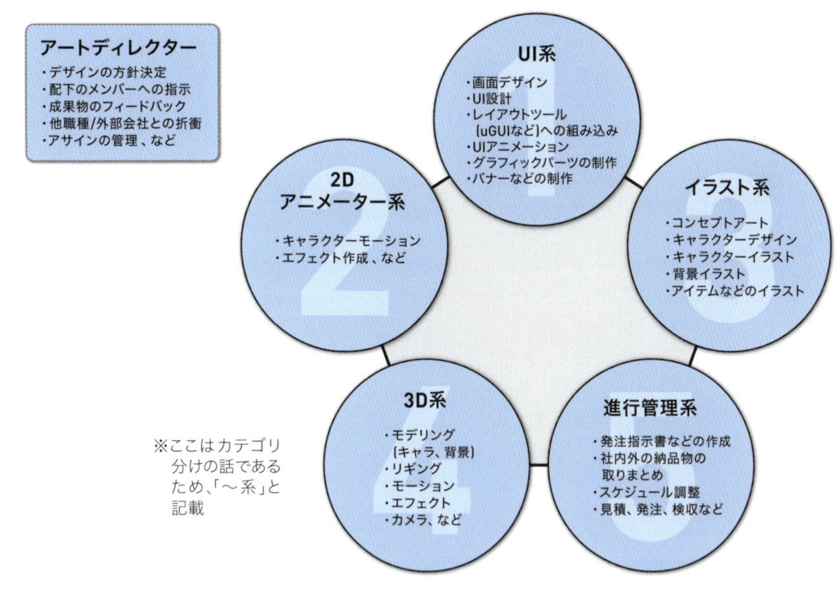

図 1-2-1 デザイン作業のカテゴリ分け

以降ではダビマスを例に、それぞれの役割を簡単に紹介しておきます。なお、デザイナーの作業カテゴリや業務内容は、会社やプロジェクトによってさまざまですので、あくまで一例になります。

① UI デザイナー

ダビマスの UI デザイナーは、主に以下の作業を行っていました。

- 導線設計の策定や Photoshop 画面のレイアウト
- Cocos Studio によるレイアウトデータの配置
- UI のアニメーションの作成
- 各種グラフィック素材やバナーなどの作成

② 2D アニメーター

2D のキャラクターモーションを用いたゲームの場合は、2D アニメーターの業務比重が多くなります。そのため、2D アニメーションに特化した会社も増えています。

ダビマスの場合は、キャラクターもののゲームと比較して、キャラクターのモーションやエフェクトの作業は少なかったため、① UI デザイナーと② 2D アニメーターをほぼ兼任するような形になっています。

[ダビマスでの作業内容]

- SpriteStudio による演出の作成

③イラストレーター

イラストレーターは、キャラクターもののゲームの場合、多くの人数が必要になってきます。そのため、内製とアウトソースの比率が方針によって変わってくる部分です。

ダビマスの場合は、シナリオパートなどのまとまった物量のイラストはアウトソースし、それ以外は内部の人員でまかなうという形でした。また、キャラクターが運用時に大量に追加されるゲームモデルではないため、イラストレーターがバナーなどのグラフィック素材制作を兼任することが多くなります。

[ダビマスでの作業内容]

- 2D のキャラクターや馬のイラスト／背景イラストの作成

④ 3D デザイナー

一般的な 3D のゲームでは、3D デザインの分野のなかでも、専門領域が多く分かれており、一番分業が必要なジャンルであると言えます。

[ダビマスでの作業内容]

- 競馬場 3D モデル／馬の 3D モデルの調整

⑤進行管理系

進行管理は、どのようなジャンルのゲームでも共通の作業になると思いますが、主に以下を行います。

- 発注指示書等の作成
- 社内外の納品物の取りまとめ
- スケジュール調整
- 見積、発注、検収など

CHAPTER 2

UI デザイン設計で開発初期に行うこと

ブラウザゲーム以降、スマートフォンアプリによるソーシャルゲームが主流となり、多種多様なゲームがリリースされるようになりました。開発規模の大規模化とジャンルの多様化により、開発期間も長期に渡るようになってきています。結果として、ゲームの画面構成も多様になり、画面設計の難易度も上がってきていると言えます。

この章では、スマートフォンアプリのソーシャルゲームの UI デザイン／設計を進めていくにあたり、開発が破綻しないような進め方や考え方について解説します。開発中に起こりうる問題に対して、開発初期段階でどう対策し、打開していくべきかという点について、ダビマスの事例をもとに紹介していきます。

また、そのために必要なデザインツールや開発ツールについても、概要を解説します。

この章で学べること

- ▶ UI コンセプトをチーム全体で共有するために、準備すべき資料について学ぶ
- ▶ デザインと開発の効率化を図るために、必要なツールと検証方法について学ぶ
- ▶ さまざまなデザイン素材や画面遷移を作るためのルールとワークフローについて学ぶ
- ▶ デザインの検証は、プロトタイピングツールを用いて、実機で操作性を確認しながら進めていくことを学ぶ

2-1 UI コンセプトの決定

長期間の開発でブレなく開発を進めるためには、開発初期段階で、プロジェクトで計画されている全体の方針に対応した、デザインの方向性がわかる資料、もしくは画面イメージを初期段階で用意しておく必要があります。

やるべきこと

- プロジェクトの全体像を理解する。
- 全体像を踏まえた、最低限の指針を作成する。
- デザインの方針を、他職種（プロデューサーなど）と合意を取る。

決まっていないとどうなるか

- チームメンバーがゲームのイメージを文字ベースでしか想像できず、認識のズレが生じやすい。
- デザインの見栄えはよかったとしても、本来ゲームで満たすべき価値を提供できておらず、結果的に、後半に大規模な修正が発生する可能性がある。
- デザインの指針が明確でないために、作業者によってデザインの成果物にズレが生じる。

ダビマスでの例

プロジェクト開始時に、チームの方針が明確に決定されていない場合、曖昧な状態でプロジェクトが進行してしまうリスクがあります。そのため、ダビマスではチーム全員で「インセプションデッキ」を作成した上で、プロジェクトの全体像（目的、背景、優先順位、方向性など）を明確にしています。

「インセプションデッキ」について詳しくは、以下のWebサイトの資料を参照してください。

> **インセプションデッキのテンプレート**
> https://github.com/agile-samurai-ja/support/blob/master/blank-inception-deck/blank-inception-deck1-ja.pdf

以降ダビマスにおいて、実際のインセプションデッキの中からUIデザインを考えていく上で、特に重要であったものを抜粋して紹介します。

ゲームにおけるエレベーターピッチ

エレベーターピッチは、簡潔な文章で「ゲームのターゲットユーザー」「目指す方針」「競合との差別化要因」などがまとめられており、チームとしての向き先を合わせるための効果があります。

エレベーターピッチの内容によって、デザインする上で何を重視して制作を進めていけばいいかを、ある程度理解することができます。

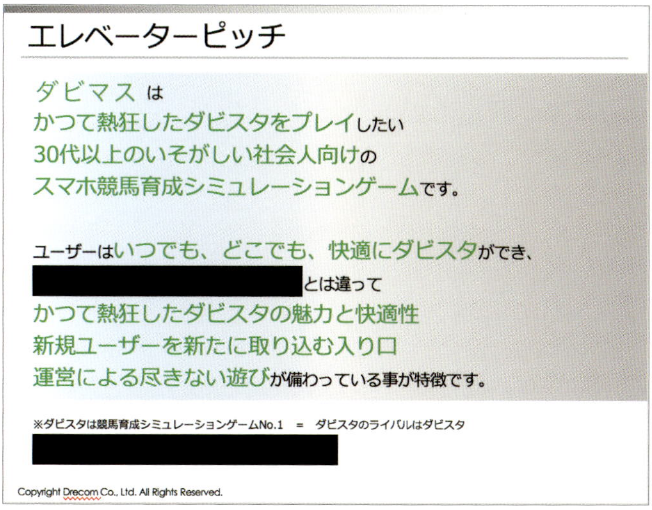

エレベーターピッチ

ダビマス は
かつて熱狂したダビスタをプレイしたい
30代以上のいそがしい社会人向けの
スマホ競馬育成シミュレーションゲームです。

ユーザーはいつでも、どこでも、快適にダビスタができ、
[黒塗り]とは違って
かつて熱狂したダビスタの魅力と快適性
新規ユーザーを新たに取り込む入り口
運営による尽きない遊びが備わっている事が特徴です。

※ダビスタは競馬育成シミュレーションゲームNo.1 = ダビスタのライバルはダビスタ

Copyright Drecom Co., Ltd. All Rights Reserved.

図2-1-1「インセプションデッキ」のエレベーターピッチ

この資料から、デザインをする上で以下の点が重要であると理解できます。

- 既存ユーザーが納得するような、馬主体験ゲームとしての体感をゲーム上で表現すること
- 既存ゲームの各機能を忠実に再現しつつ、新規要素を違和感なく画面に反映させること
- 単純な見栄えだけでない、操作性、快適性を実現すること

制作する上で、作っているものが正しいのか判断に困ったりする局面は必ず訪れるので、そのような場合は必ずこの資料を見返すようにします。

ゲームにおけるトレード・オフスライダー

トレード・オフスライダーは、プロジェクト上の判断基準を関係者で摺り合わせるためのツールです。

デザインする上で重要となったのは、図の下段の3つの要素です。それぞれを補足を含めて解説すると、以下になります。

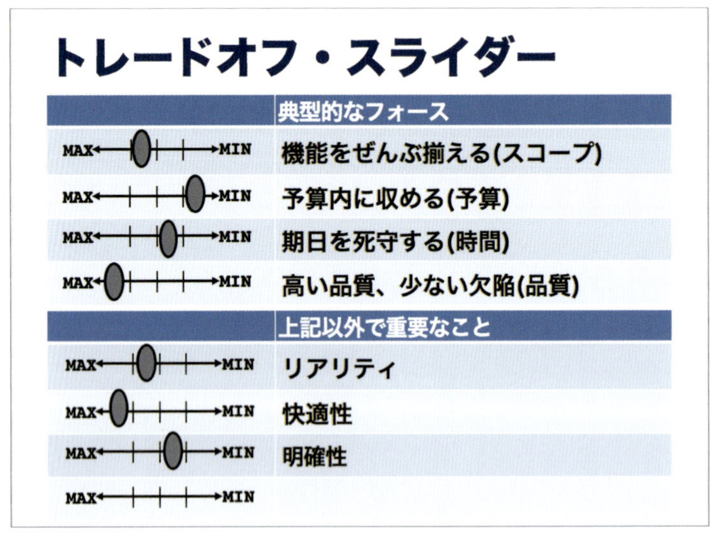

図 2-1-2 「インセプションデッキ」のトレード・オフスライダー

- リアリティ
  →ユーザー体験としての意味合いが強いです。「リアリティ＝馬のモデルがハイポリゴンで高精細」といった意味ではなく、「馬主体験ゲームとしての臨場感＝リアリティ」という意味合いが強くあります。
- 快適性
  →操作性、視認性、読み込みの少なさなど、ゲームをプレイする上でストレスを与えないという側面が強くあります。
- 明確性
  →ゲームシステム／用語などのわかりやすさという意味合いです。

重要な順に並べると、「**快適性>リアリティ>明確性**」といった順番になります。この資料から、以下の点が重要であると理解できます。

- ［快適性の実現］スマートフォン向けに最適化されたダビスタを実現すること
- ［現実世界とゲーム上の世界とのバランス感］ゲームとしてわかりやすくすることを意識し過ぎるあまり、馬主体験ゲームとしての臨場感を損なってはいけない（例：ゲーム的な都合を優先するあまり、現実の日本競馬と乖離し過ぎるなど）

やらないことリストの設定

やらないことを明確にすることは、非常に重要です。「無駄なことに時間をかけない=本来作るべきものに注力できる」と言えるからです。内容は、チームメンバーと議論しながら決定していく必要があります。

また、この資料からデザイン上やってはいけない表現がどういったものなのかがわかり、今後のデザインを考慮する上での指針にもなります。

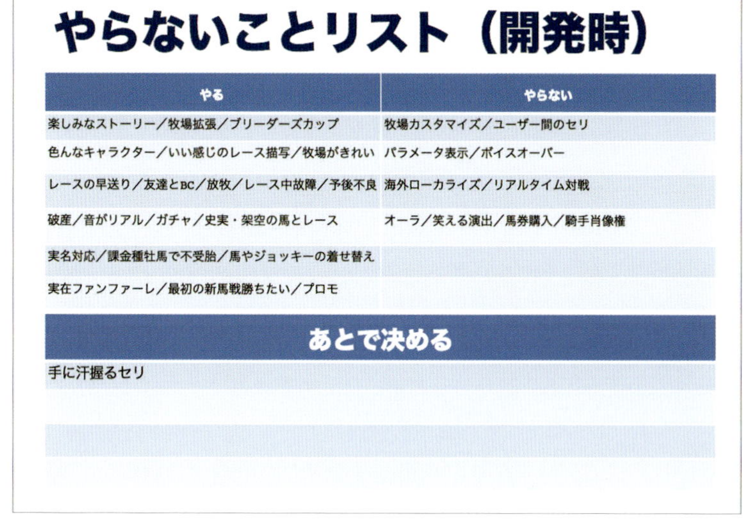
やらないことリスト（開発時）

やる	やらない
楽しみなストーリー／牧場拡張／ブリーダーズカップ	牧場カスタマイズ／ユーザー間のセリ
色んなキャラクター／いい感じのレース描写／牧場がきれい	パラメータ表示／ボイスオーバー
レースの早送り／友達とBC／放牧／レース中故障／予後不良	海外ローカライズ／リアルタイム対戦
破産／音がリアル／ガチャ／史実・架空の馬とレース	オーラ／笑える演出／馬券購入／騎手肖像権
実名対応／課金種牡馬で不受胎／馬やジョッキーの着せ替え	
実在ファンファーレ／最初の新馬戦勝ちたい／プロモ	

あとで決める
手に汗握るセリ

注：開発時のものであり、今後の運用について考慮されているものではありません。

図 2-1-3「インセプションデッキ」のやらないことリスト

デザインをする上での指針

ここまでのインセプションデッキの内容を踏まえた上で、UI デザインにおいての指針を立てていきます。

以降では、その指針の資料のうちの一部を例として掲載しています。

ダービースタリオンシリーズは、「馬主を体験するシミュレーションゲーム」であるという前提もあり、ほかのゲームで見られるような、いわゆるゲーム的（＝現実世界ではありえないもの）な演出を極力避ける形で制作するという方針を立てています。

どこまでが許容範囲か不明瞭となるため、具体的なNG例を記載し、認識を合わせられるようにしています。

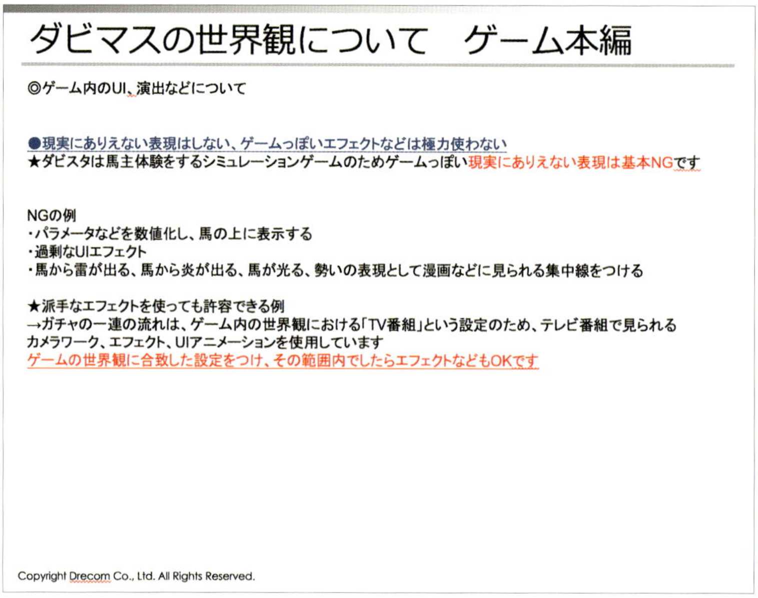
ダビマスの世界観について　ゲーム本編
◎ゲーム内のUI、演出などについて
●現実にありえない表現はしない、ゲームっぽいエフェクトなどは極力使わない
★ダビスタは馬主体験をするシミュレーションゲームのためゲームっぽい現実にありえない表現は基本NGです
NGの例
・パラメータなどを数値化し、馬の上に表示する
・過剰なUIエフェクト
・馬から雷が出る、馬から炎が出る、馬が光る、勢いの表現として漫画などに見られる集中線をつける
★派手なエフェクトを使っても許容できる例
→ガチャの一連の流れは、ゲーム内の世界観における「TV番組」という設定のため、テレビ番組で見られる
カメラワーク、エフェクト、UIアニメーションを使用しています
ゲームの世界観に合致した設定をつけ、その範囲内でしたらエフェクトなどもOKです
Copyright Drecom Co., Ltd. All Rights Reserved.

図 2-1-4 デザインする上での指針①

デザインのテイストについては、ターゲット層のユーザーなども配慮し、過剰に派手になり過ぎないような安心感のあるものを目指して制作しています。

情報量の多さによる視認性の観点や、牧場·競馬場などの背景要素を生かすために、パーツなどはシンプルにし、色味も落ち着いた配色を使用するようにしています。

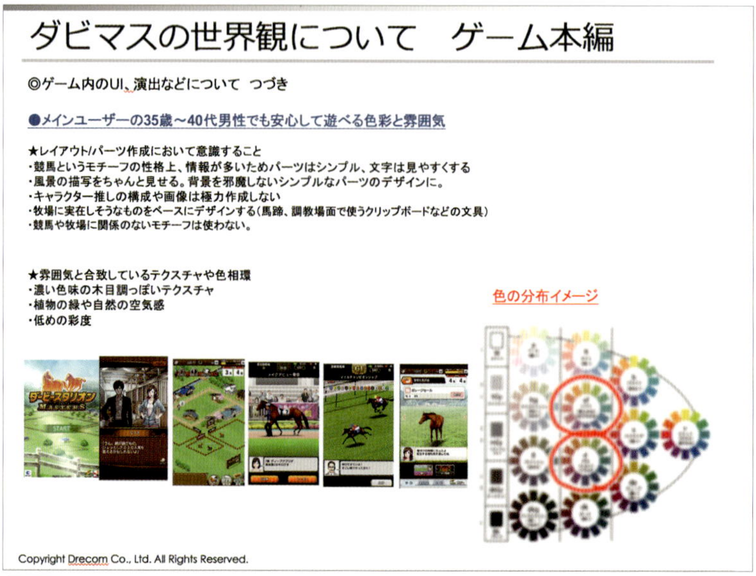
ダビマスの世界観について　ゲーム本編
◎ゲーム内のUI、演出などについて　つづき
●メインユーザーの35歳～40代男性でも安心して遊べる色彩と雰囲気
★レイアウト/パーツ作成において意識すること
・競馬というモチーフの性格上、情報が多いためパーツはシンプル、文字は見やすくする
・風景の描写をちゃんと見せる。背景を邪魔しないシンプルなパーツのデザインに。
・キャラクター推しの構成や画像は極力作成しない
・牧場に実在しそうなものをベースにデザインする（馬蹄、調教場面で使うクリップボードなどの文具）
・競馬や牧場に関係のないモチーフは使わない。
★雰囲気と合致しているテクスチャや色相環
・濃い色味の木目調っぽいテクスチャ
・植物の緑や自然の空気感
・低めの彩度
色の分布イメージ
ダービースタリオン
MASTERS
START
Copyright Drecom Co., Ltd. All Rights Reserved.

図 2-1-5 デザインする上での指針②

ゲームでの使用フォント

ゲームの特性上、文字情報が多いことは避けられないため、可読性の高いフォントを選定し、それを使用することを初期段階で決めています。

図 2-1-6 デザインする上での指針③

デザインをする上での指針については、開発中盤〜後半、リリース後の運用で、デザイナーのメンバーも変わっていくため、資料化しておき共有できるようにしています。また、開発初期の段階で完璧な資料を作ることは難しいため、開発中に微調整をしていく必要があります。

随時アップデートできるように、アップデート作業にコストがかかり過ぎないないレベルの資料として、無駄なことを書き過ぎないことも重要なポイントです。

2-2 2Dデザイン／3Dデザインの住み分け

実現したいキャラクターや背景のテイストによって、デザインを「2D／3D」のどちらで用意するかの方針は変わってきます。

- ユーザーに提供したいビジュアルイメージ
- コスト面
- パフォーマンス面

ゲームで想定される各画面において、上記の項目などを踏まえ、何を2D／3Dで制作するかを決定し、制作物量やスケジュール感を出せるようにしておく必要があります。

やるべきこと

- ゲームの方針、仕様、ユーザーに提供したいビジュアルイメージを踏まえ、画面で使用するキャラクター／背景の制作方法を決定する。
- コスト／スケジュール感を算出する。
- 開発におけるリスクの洗い出しと検証を行う。

決まっていないとどうなるか

- 2Dと3Dでは作業者のスキルセットが大きく異なるため、途中で方針転換する場合には大きなコストが生じる。

ダビマスでの例

ダビマスの場合は、ゲームに登場する「馬」「競馬場（背景）」「人物」の表現方法を開発初期に決定しています。

- 当時の状況として、3Dデザイナーが充足しておらず、3Dを用いた開発に振り切ることへのリスクがあった。
- 過去作のデータを提供してもらえる環境にあった。

このような状況であったため開発当初は、PS版「ダビスタ99」のように、すべて2Dで表現するという方向で検証していました。

過去作のデータをベースに2Dアニメーションツールでレースのサンプルを作っていましたが、最終的に以下の観点から、「競馬場全般」と「馬の走行モーション」は3Dで制作する方針にしています。

- 2Dのみではカメラワークの表現の制限が厳しく、レース描写にTV中継的なカメラワークを要求すると2Dで実現することは厳しい。
- 馬のビジュアルをデフォルメしない限り、必要なテクスチャーのサイズが、2Dの場合は多くなり過ぎてしまう。

そのほか、ゲーム内で表現する必要のある「馬」「背景」「人物」については、過去作のどの部分を踏襲していくかを踏まえつつ、方針を決定しています。

表 2-2-1 ダビマスの 2D ／ 3D イメージの対応表

	2D	3D	参考にする過去作
馬			
レース中モデル・モーション		○	ダビスタ04
パドック中モーション		○	ダビスタGOLD
口取式	○		ダビスタ99
繁殖牝馬/未入厩馬(牧場画面)	○		ダビスタDS
繁殖牝馬/未馬厩馬 (詳細画面)		○	ダビスタGOLD
入厩馬(厩舎画面)	○		ダビスタDS
入厩馬(詳細画面)		○	ダビスタGOLD
種牡馬	○		ダビスタ04
調教中モーション		○	ダビスタGOLD
出産演出	○		ダビスタ3
種抽選演出中のモーション	○	-	
背景			
競馬場		○	ダビスタGOLD
調教コース		○	ダビスタGOLD
パドック	○		ダビスタDS
騎手			
騎手(レース中)		○	ダビスタ04
騎手(レース以外)	○		-
パドック中の厩務員		○	ダビスタGOLD
ゲーム中に登場する人物全般	○		-

代表的なグラフィック素材について、以降で簡単に解説しておきます。

競馬場

スマートフォン向けに、3D モデルの最適化とテクスチャーの高解像度化を行っています。現実の競馬場は近年でも建物の改修が行われた実績があるため、コンシューマ版で一番新しい 3DS 版のモデルを活用しています。

図 2-2-1 競馬場のグラフィック例

馬（3D）

多様なモーションが要求される画面で表示される馬は、3Dモデルで制作しています。

- 競走馬／生産馬の詳細画面
- 競馬場、調教コース中のモーション

図2-2-2 馬（3D）のグラフィック例

馬（2D）

そもそもの表示サイズが小さく、テクスチャーのサイズが少なく済むもの、静止画やデフォルメした状態で表示されるものについては2Dで制作しています。

静止画で見せる場合は、3Dモデルをそのまま表示するとアウトライン部分などの粗が目立つため、レンダリングしたものをベースにレタッチする方法を取っています。

牧場の馬は、過去作（ダビスタ99やDS版など）のようなコマアニメベースのものとなっています。

- 牧場／厩舎画面での馬
- 種牡馬
- 出産時
- 口取式

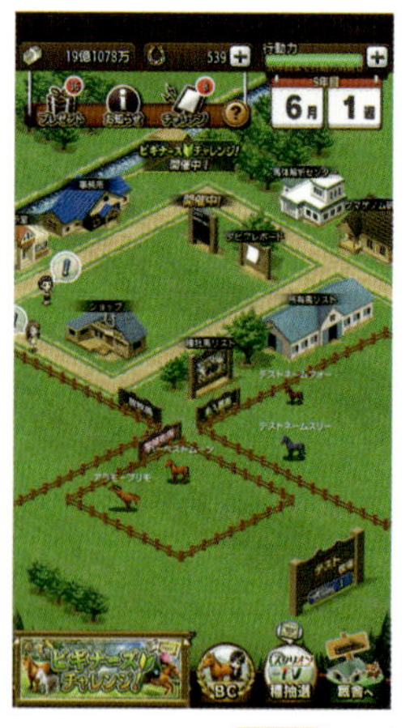

図2-2-3 馬（2D）のグラフィック例

人物キャラクター（2D ／ 3D）

人物のモデリングは、パドック中の厩務員やレース中の騎手を除き行わない方針で、2D での表現をベースにしています。登場頻度と 3D モデルの制作期間／コストを踏まえると、見合わないと判断したためです。

口取式の演出に関しては、今回制作したオリジナルのキャラクターを表示させたかった点や、リリース後のコラボレーション展開なども視野に入れ、ダビスタ 99 のような 2D で成立する演出にしています。

図 2-2-4 人物キャラクターのグラフィック例

そのほかの素材

バナーなどのグラフィックは、3D モデルをレンダリングした素材をベースに、レタッチを行い史実上の馬に似せていくような加工をしています。

図 2-2-5 バナーのグラフィック例

2-3 開発ツールの選定と検証

開発が進んでいくと、それに伴い画面数も増えていきます。画面の統一感を保っていく上で、序盤に作っていたものを適宜修正していく必要が出てきます。

しかし、デザイナー側で実装内容を把握していないと、修正した画面の反映をエンジニアに頼るしかなくなります。それを避けるためには、画面の実装を行う工程でデザイナーが作業できる領域を増やし、自身の手で直せるような仕組みを作っておくことが重要となってきます。

そのため、デザイナーが画面の修正を裁量を持って行えるように、他職種（特にエンジニア）とともにUI制作やアニメーション制作などに用いるツールの選定を行い、今後の開発に支障が出ない形にしておくことが必要になります。

やるべきこと

- 開発に用いるツールを選定する。
- 想定するデザインを実現できるかどうかの検証を行う。
- 機能要望を集約する仕組みを用意する。

決まっていないとどうなるか

- 想定したデザインを実現することができなくなる。
- 開発終盤の修正にコストが大きくかかる。

ダビマスでの例

開発ツールの選定と検証を行う上で重要なポイントとなるのは、以下の3点です。

- **デザイナーとエンジニア間で作業の分担／住み分けができるかどうか**
- **双方のスキルセットと見合っているかどうか**
- **開発中に出てくる要望に対して改善が行え、開発後半でデザイナーが困る状況にならないかどうか**

デザイナー単体では解決できない問題も多々出てくるので、いかに序盤の段階でエンジニアを巻き込むかがポイントとなってきます。

ダビマスの場合、シミュレーションゲームであり、1画面に表示する要素が多くならざるを得ないことが事前に想定されました。そのため、以下のような体制を実現できるように注力しました。

- 各要素の配置、サイズ感がシビアになるため、配置の調整／画像の差し替えがデザイナー側で柔軟にできるようにしておく。
- ゲーム全体の要素が多く、管理が煩雑になるため、デザイナー側でレイアウトデータの管理をできるようにしておく。

導入ツール

ダビマスでは、最終的に以降で紹介するツールを使って開発を行いました。それぞれを簡単に紹介しておきます。

・Cocos Studio

Cocos2d-xでの開発のGUIのツールとして、「Cocos Studio」を使用しています。Unityでいうところの、NGUIやuGUIに該当するツールになります。

ダビマスでは、画面レイアウト全般と画面遷移のアニメーション用途で使用しています。

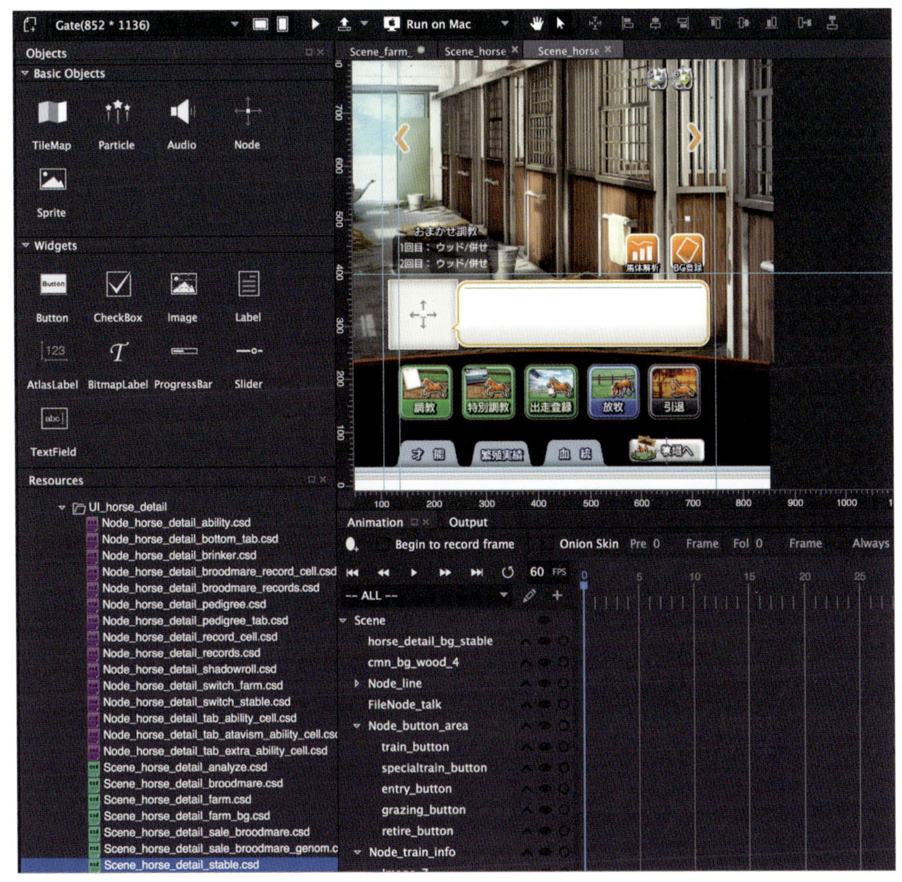

注：「Cocos Studio」のサポートは現在終了しています。

図2-3-1 「Cocos Studio」の使用画面

開発は、以下の手順を踏み、Unityでの開発と同等の手順になるような形にしています。

①デザイナーが、Cocos Studioを用いてレイアウト作成
②レイアウトデータであるcsdデータ（UnityにおけるPrefab）をGitで受け渡し
③エンジニアが、csdデータをもとに画面反映＆実装

データの構造さえ変えなければ、③の作業後、デザイナー側でレイアウトを修正することが容易なため、細かいサイズの微調整などをデザイナー側で裁量を持って修正が行えるようになります。

「Cocos Studio」は、操作の敷居は低い反面、レイアウトする上での機能がuGUIと

比較して弱く、エンジニアにカスタマイズしてもらう必要が多かったため、要望を集約してカスタマイズできるような形にしてもらいました。

Wiki系のツールやGitLabのissue機能などに要望を集約して、都度カスタマイズしてもらう形を取ると、双方やりやすい形で進めることができます。

・SpriteStudio

Cocos Studio単体では、複雑なアニメーションを制作する際の効率がよくなかったため、以下の点から、「SpriteStudio」を導入しています。

- 他案件での導入実績があり、安定している／人員の都合がつけやすい
- Spine、Live2Dなどと比較して、UIとキャラクターモーションの両方に満遍なく対応できる

OPTPiX SpriteStudioの公式Webページ
http://www.webtech.co.jp/spritestudio/

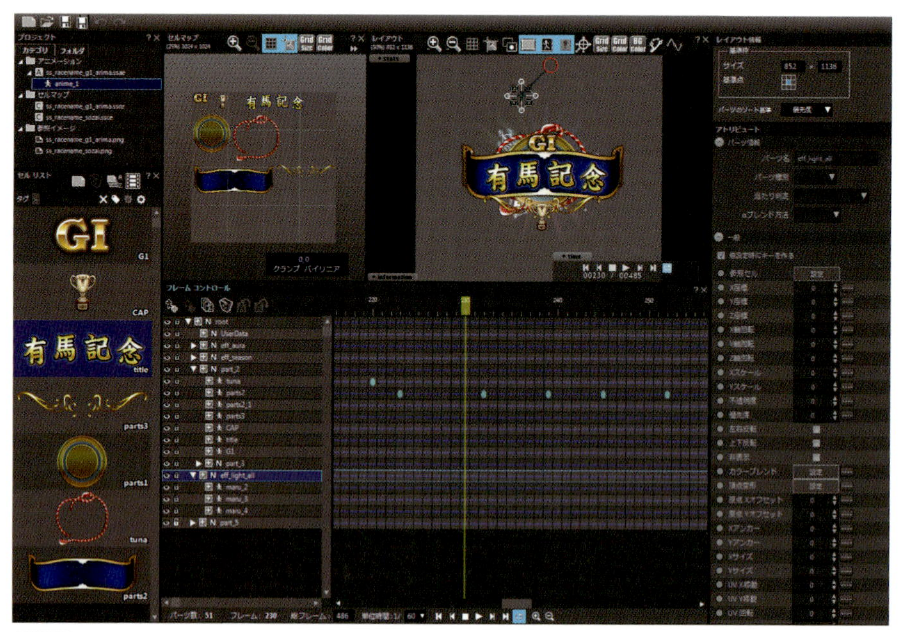

図2-3-2 「SpriteStudio」の使用画面

ダビマスでは、以下のデザインなどで使用しています。

- キャラクターのまばたき＋口パクのモーション
- 2D馬のアニメーション
- Cocos Studioで作りづらい、分岐が複雑なアニメーション（種抽選など）

表現したい内容にもよりますが、Unityで制作されている2Dゲームの場合は、uGUI+キャラクターの特性に合わせたアニメーションツールを選択する（Spine、Live2D、SpriteStudioなど）という組み合わせが多い傾向にあります。

2-4 ゲーム全体の動線と操作性の検証

大規模なゲームの場合、機能が多くなるほど画面間の遷移が複雑になっていきます。チームの誰かが画面遷移図を作成し、それをもとに作っていくことが多いかと思います。

「画面遷移図は誰が作るべきなのか」という問題は、議論に上がる部分があるかと思いますが、誰が中心となって作るかはチームの人員編成や適性により異なるため、どの職種の人がやるべきかはあまり重要ではありません。

画面遷移図ができたら、

- 遷移的におかしいケースがないか
- 要素が足りているか、わかりづらくないか
- ほかの画面への影響が考慮されているか

など、UI デザイナー側で精査し、ゲーム仕様の側面とデータの読み込みの都合などのエンジニアリングの側面を、各職種にフィードバックをもらいつつ精査していくことが理想です。

また、静止画ベースの画面遷移図の場合、見た目上は問題なさそうに見えても、実際に操作した場合の考慮が漏れることが起こりやすくなります。

開発序盤では、メインサイクルの動線について、実機で実際に動作するもの（プロトタイプ）を、実機で確認しながら作っていくことが重要になります。実際に動くものをベースに検証して議論することで、チーム内で認識を合わせられるようになり、今後そのほかの画面を作っていく上で円滑に作業が進められるようになります。

やるべきこと

- 主要画面の大まかな構成、画面間の遷移、操作性を実機で動かして検証する。
- チーム内で情報を共有できる状態にし、認識のズレをなくす。
- メインサイクルとゲーム内の各機能の接続図を作成する。

3 つ目の項目については、以降で詳細を解説します。

決まっていないとどうなるか

- 相互に絡む要素が多い画面ほど、認識の齟齬が起こりやすくなる。
- 実機で検証できていないと、実装後に操作性の課題が多く残る。結果、修正コストが高くなり、進捗の遅延が起こる。

ダビマスでの例

ダビマスの場合は、コンシューマ版のゲームが存在するので、作るものは比較的明確でしたが、スマートフォン向けの縦持ちの画面にした際の操作性をチームメンバーがイメージしづらいという点がありました。また、情報量が多くなるので、各要素のサイズ感を事前に細かく検証しておく必要がありました。

そのためゲーム仕様をもとに、実装する前段階でプロトタイピングツール「Prott」を用いて、画面遷移を作成し各職種の担当に共有することを行っています。

Prottの公式Webページ
https://prottapp.com/ja/

「Prott」はスマートフォン向けのアプリ、Webサイトのワイヤー、UIデザインの作成に向いたブラウザベースのプロトタイピングツールです。ドラッグ&ドロップで直感的に画像を取り込み、各画面間の遷移を繋げることができます。また、URLに出力することができ、スマートフォンでもすぐに作成した遷移が確認できるという利点があります。

ダビマスでは、「Prott」を以下の目的で使用しました。

- 配置、操作感、サイズ／視認性の検証
- 対プランナー、対プログラマーへのプレゼン用
- デザイナー間での認識合わせ

Prottを活用した操作性の検証

Prottの一般的な使用方法としては、手書きの絵を取り込んで使用するという形が多いと思われます。手書きの場合は、各画面の情報量が多くなると、画面内に情報をどこまで入れられるかが判断できないこともあり、ダビマスの場合は、サイズ感のイメージができるレベルの図形や絵を入れておくようにしています。

特に、牧場や厩舎画面など、所有している馬を複数管理する画面では、馬の総数やサイズ感などをどれくらい表示するかを厳密に検証しています。

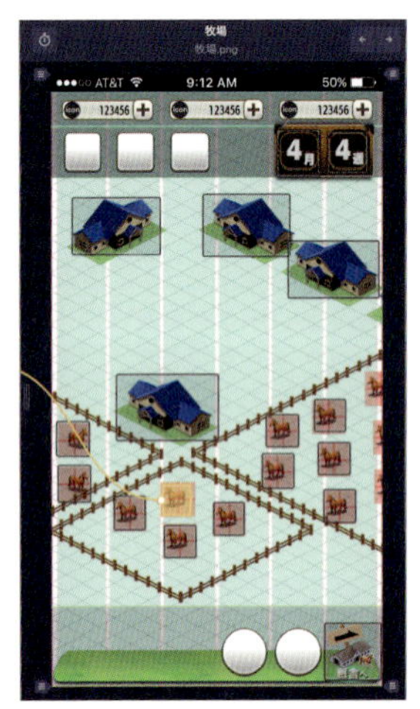

図2-4-1
牧場画面の検証ために作成したプロトタイプ用の画面

ゲーム全体の画面間の遷移は、「メインサイクルの遷移」と「各機能単位での遷移」に分けて検証しています。

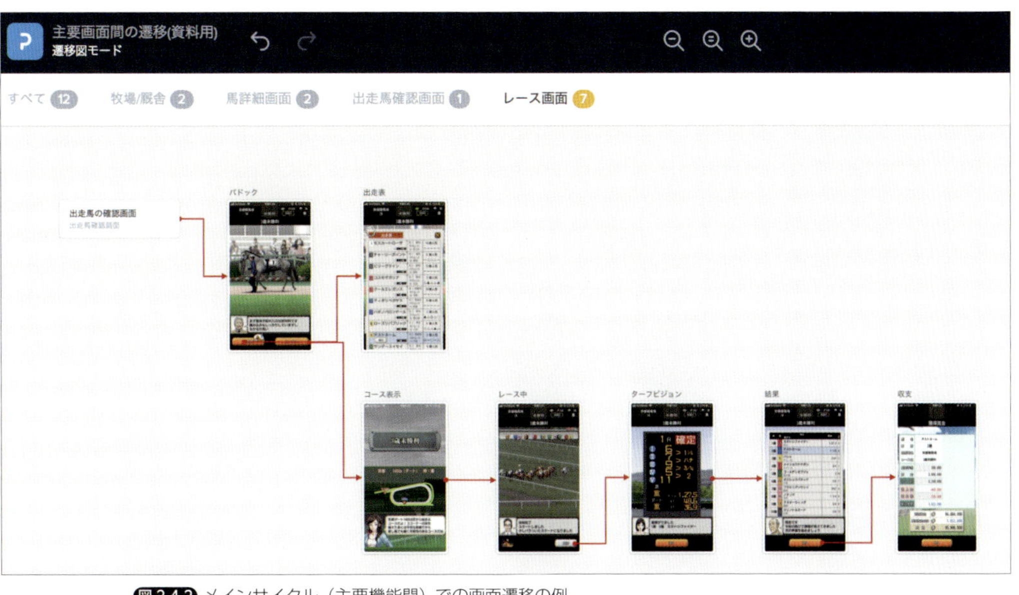

図 2-4-2 メインサイクル（主要機能間）での画面遷移の例

ゲーム内の全画面を 1 つの Prott のデータで管理してしまうと、以下のような課題があるため、機能単位でプロジェクトを分けるような使用方法を取っています。

- 画面数が膨大になり、管理が煩雑になる
- 開発序盤で決まっていない機能も多いため、画面を差し替えるメンテナンスコストが高い

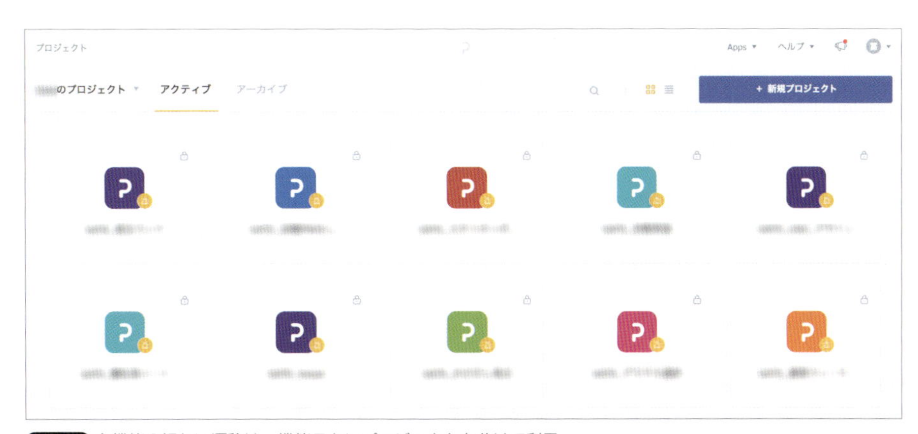

図 2-4-3 各機能の細かい遷移は、機能ごとにプロジェクトを分けて利用

メインサイクルとゲーム内の各機能の接続図

ダビマスの基本的なゲームの流れは、以下のように進行します。

①各週に馬の育成を行う
↓
②日程進行する
↓
③（レースがある場合）レースが行われる

「馬の育成～レース出走」に関わる導線をまず策定する必要があり、馬を管理する上で必要な画面と、日付進行に起因するレースの一連の流れを、以下の図のように作成しています。

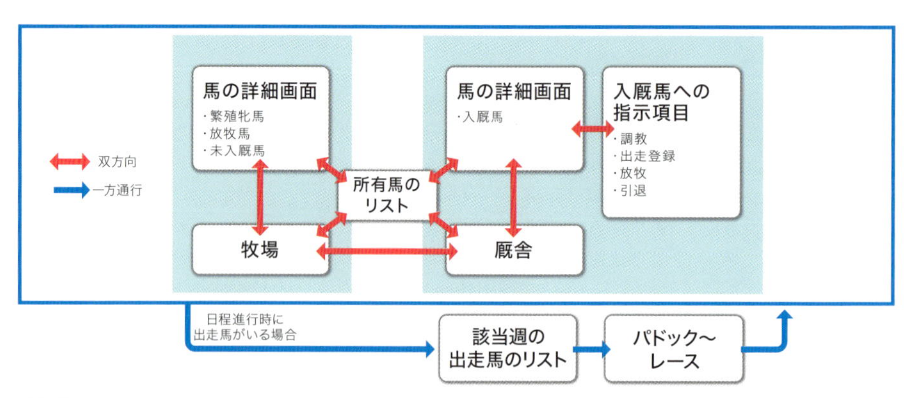

図 2-4-4 馬の管理と育成からレースまでの流れ

そのほかの各機能については、開発序盤段階では決まっていないものも多くありました。とはいえ、画面デザインをする上では、制作する各機能の導線がどのようにつながるかを想定しておかなければならないので、想定される画面がメインサイクルとどのように接続するかがわかる図を作っておく必要があります。

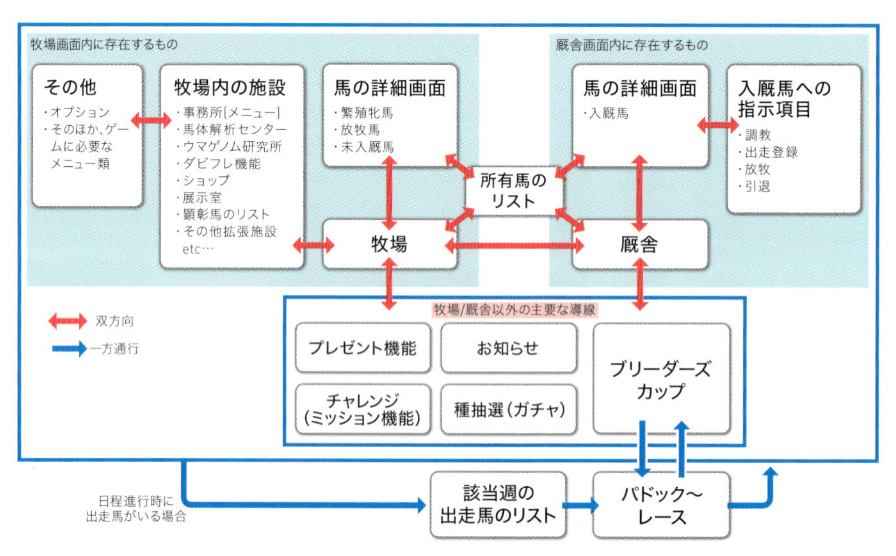

図 2-4-5 主要画面と各機能群の接続図

2-5 量産物の表示サイズの策定

主に、「キャラクターのイラスト」「3D モデル」「背景」は、ゲーム内のさまざまな箇所で使用します。綺麗に作っても、ゲーム内で最適なサイズに表示されていないと意味がありません。ゲーム UI 上での表示を考慮した表示サイズを策定しておく必要があります。

やるべきこと

- 同一フォーマットで作成するものは、サイズのレギュレーションを明確にする。
- そのために必要なレイアウトを想定しておく。

決まっていないとどうなるか

- キャラクターや背景を用いた最適なレイアウトができない状態になり、画面レイアウトを行う上での制限が大きくなる。
- キャラクターや背景の作り込み具合が、画面での表示サイズと見合っていない状態になる。

ダビマスでの例

以降で、代表的なグラフィック素材に分けて、表示サイズの具体例を解説していきます。

3D モデルの馬

3D モデルの馬は、以下を事前に想定した上で制作を行っています。

- 同時に画面内でどれくらいの表示が必要か
- 画面内でどの程度のサイズで表示するか

馬の 3D モデルに関しては、スマートフォン向けの解像度に耐えられるように、3DS 版のデータから、テクスチャーの解像度、ポリゴン数、ボーン数などを調整しています。

ダビマスの場合、レース時の馬のモデルと、馬の詳細画面上で表示されるモデルは、明確に用途と表示サイズが異なるので、別のモデルを使用しています。

レース時は、最大 18 頭の競走馬が出走し、同時にカメラに映ることがあるので、レース中の表示に耐えられるようなものに調整されています。

図 2-5-1 3D モデルの馬の表示例（左：レース画面、右：馬の詳細画面）

3D モデルの競馬場

ダビマスは縦持ちであるため、テレビのワイド画面（横 16：縦 9）、ニンテンドー DS（横 3：縦 2）、ニンテンドー 3DS（横 10：縦 6）と比較すると、画面の比率が違い、画面内に映る競馬場の範囲が大きく異なります。

映る範囲がどこまでかによって、競馬場の作り込み度合いに大きく影響するため、画面内に映る範囲を事前に想定した上で制作を行っています。

図 2-5-2 3D モデルの競馬場の全景

ダビマスの競馬場は、3DS 版の競馬場をベースに、スマートフォン向けに最適化していますが、3DS 版の比率そのままに縦画面に適用すると、ゲーム内に映る範囲がかなり狭くなってしまいます。

また、全画面を覆うように競馬場を表示することも考えられましたが、順位の状況が確認できるくらいカメラが引いた際に内馬場の部分がかなり映るため、そこにポリゴン数を割かないといけなくなります。また、縦長すぎて現実のテレビ中継の印象と異なってくる点などもあり、バランスが取れるようなサイズにしています。

図は、iPhone と iPad の競馬場の表示サイズですが、Android は主要な端末が「16:9」〜「16：10」なので、見える範囲はこの中間くらいになります。

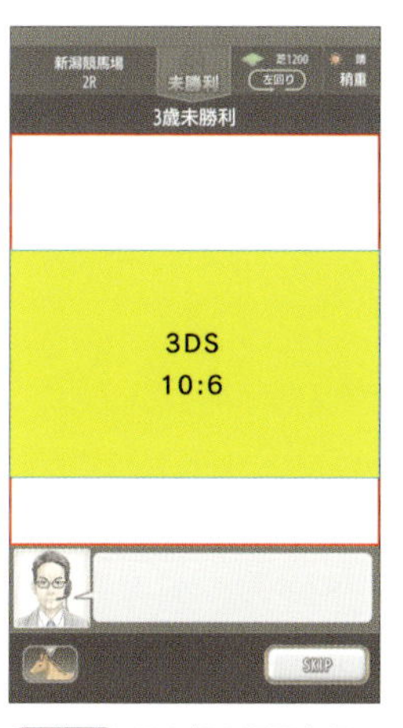

図 2-5-3 3DS 版の画面をそのままはめ込んだ場合

図 2-5-4 iPhone と iPad の場合の競馬場の描画範囲

人物キャラクター

ゲーム内に登場する人物キャラクターに関しては、サイズや絵を起こす上での注意点などを決めています。

画面上には、上半身が主に映るような形となるため、キャラクターの特徴やポージングなどを上半身の部分でなるべく表現できるようなイラストにしています。

またゲーム内の設定上、各機能と人物が密接に紐づいているため、ゲーム内での登場頻度や位置づけなどをもとに、男女比やキャラクター設定をイラストやシナリオ制作を行う担当者と協議した上で決めています。

図 2-5-5 牧場内の各施設で登場する人物キャラクター

2-6 UIデザインと実装のワークフロー構築

実装時に「デザイナーが意図したとおりのデザインに最終的にならない」という経験をしたことがある人は多いかと思います。UIデザイナーが、デザインした画面を実機に反映させるためには、さまざまな工程を踏む必要があります。

デザインを正確に反映させるためには、以下の3点が重要になってきます。

- 実装までのフローをデザイナーが理解しておくこと
- 実機に反映するまでに必要なデザイナーの作業手順を決めておくこと
- エンジニアの協力が得られる体制を作ること

やるべきこと

- デザイナーの作業範囲を明確にする。
- 画面デザイン〜実機反映までのワークフローを決定し、運用する。
- 作業の影響範囲を理解しておく。

決まっていないとどうなるか

- デザイナーとプログラマーの連携が甘くなり、開発効率が上がらない。
- 開発終盤にデザイナーだけでは画面を直せなくなり、エンジニアによる修正コストが高くなる。

ダビマスでの例

ダビマスでは、以下のようなフローで、画面デザイン〜実機での確認が行えるようになっています。方針としては、Photoshopなどのツールでの「画面デザイン」から「実機での確認」まで、すべてデザイナー側で関与ができるようにしています。

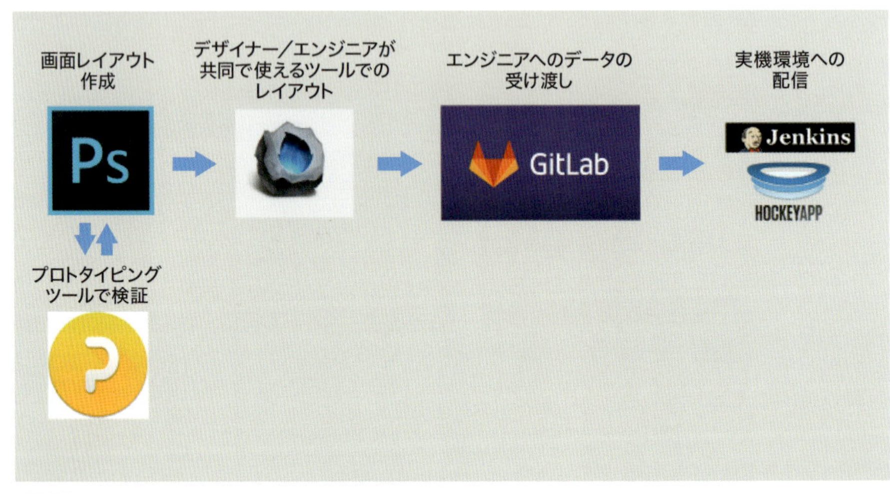

図2-6-1 ダビマスの画面デザインから実機確認までのワークフロー

次のように、UI デザイナーの作業が画面レイアウトのみで、実装環境での画面配置、アニメーション付けをエンジニアが行う場合、以下のような作業工程になります。

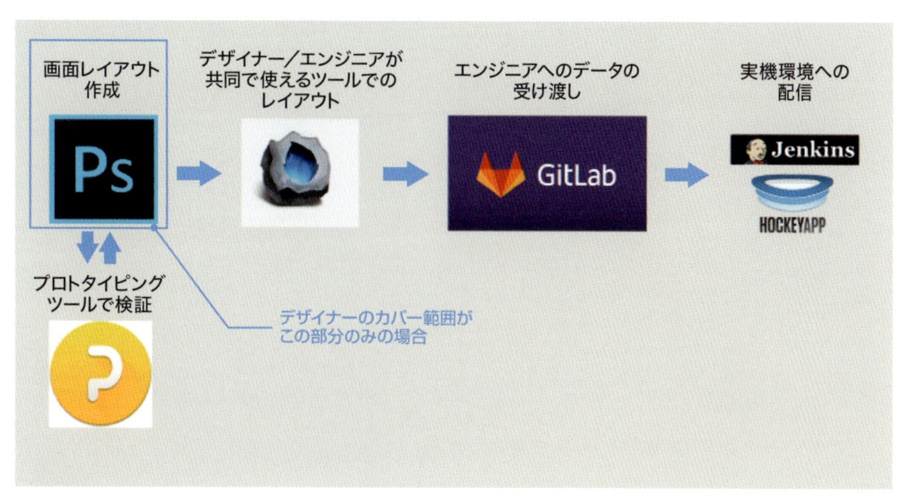

図 2-6-2 デザイナーが画面レイアウト作成のみを行う場合

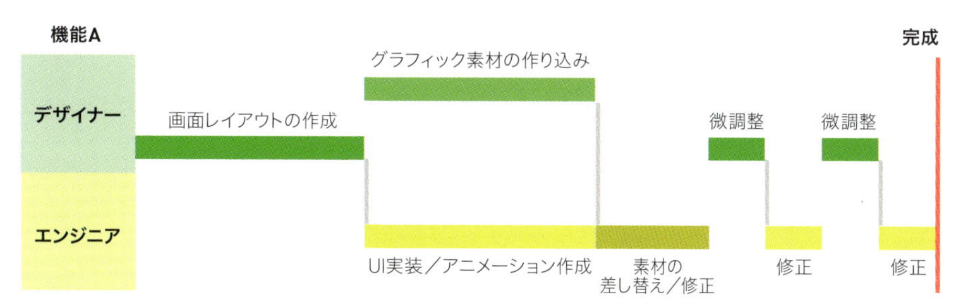

図 2-6-3 図 2-6-2 の場合の役割分担と作業フロー

この場合、以下のような問題点が生じます。

- デザインの調整をデザイナー側で担保できず、終盤の微調整が多く発生する
- デザイナー側がレイアウト修正にどれくらいの実装コストがかかるかを理解できないため、修正内容によっては、かなりの追加工数がかかる
- エンジニア側が後半、軽微な修正作業に工数を多く割かれるため、本来やるべき実装の時間が削られる
- 特にアニメーションの作成などはエンジニアのスキルに依存してくるため、作業に差が出やすい

UI デザイナー側で、「画面レイアウトの調整」＋「データの差し替え」まで行える状態になっていると、以下のような作業工程になります。

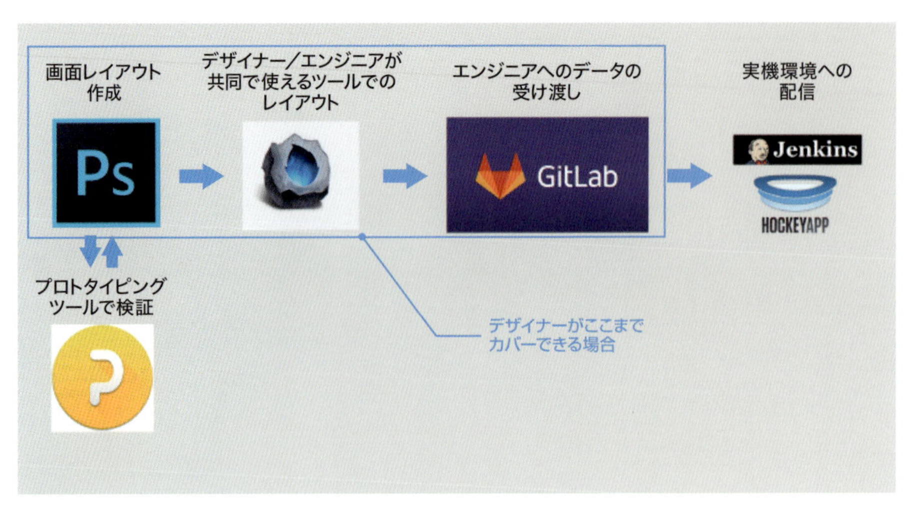

図 2-6-4 デザイナーが画面からレイアウト作成データ差し替えまでを行える場合

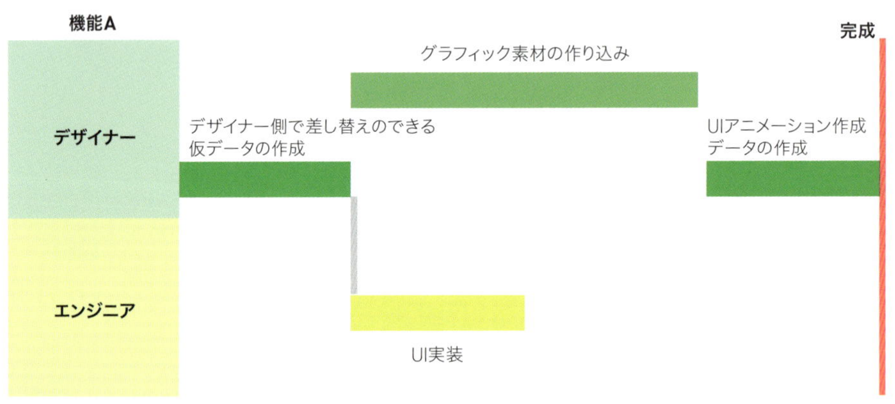

図 2-6-5 図 2-6-4 の場合の役割分担と作業フロー

この場合、デザイナーが後々差し替えるだけで済むような状態の仮のデータをエンジニアに渡すことができれば、最終的な画像の差し替えや座標調整、アニメーションの差し替えなどをデザイナー側だけで完結させることができます。

結果、デザイナーとエンジニア間で発生する調整の作業コストを下げることができ、作業時間を短縮することができます。

また、細かい微調整が発生しなくて済むので、開発時に並行して複数の機能開発を行うケースでも、作業者の待ち時間が発生しづらくなり、効率のよい開発が行えるようになります。

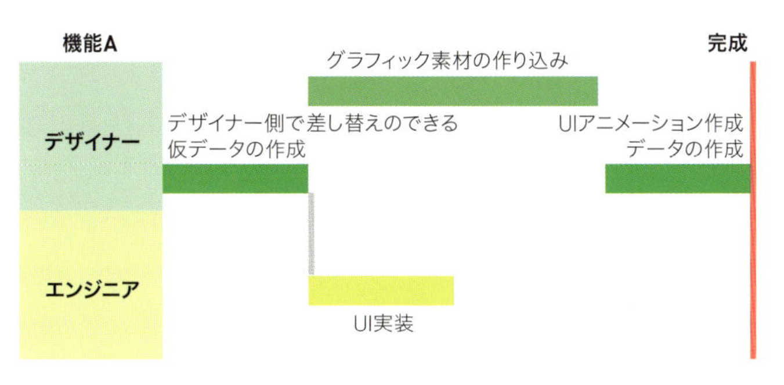

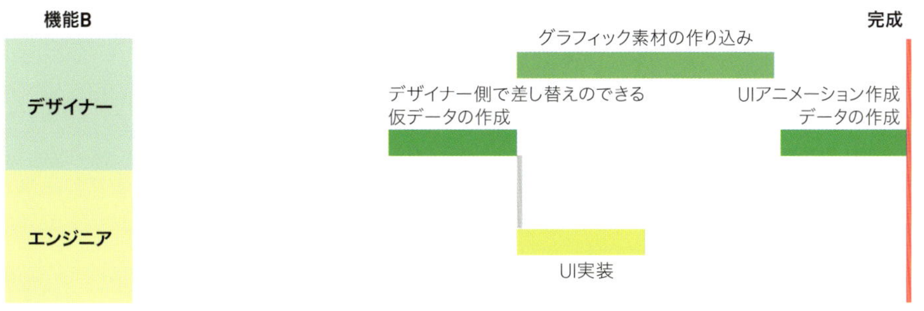

図 2-6-6 並行して複数の機能を同時に開発しても、ロスが発生しにくいワークフロー

COLUMN さまざまなプロトタイピングツール

プロトタイプを作る上でよく使われるツールやアプリには、以下のようなものがあります。

- **全体の画面遷移を素早く作成できるもの**
  【例】Prott、inVision、AdobeXD、など
- **単一の画面の動きを細かくつけることができるもの**
  条件文なども書くことができるものもありますが、その分、習得難易度は高いです。
  【例】After Effects、Origami Studio、など
- **遷移と動きのどちらも作成可能なもの**
  【例】Atomic、ProtoPie、など

ツールによって特徴は異なるため何を確認したいかによって、どのツールを選択すべきかと、利用の仕方が変わってきます。以下のような観点で、選択するとよいでしょう。

- ツールの習得難易度、プロトタイプの制作速度
- アニメーション／インタラクションをプロトタイピングツールにどこまで求めるか
- 他者への共有のしやすさ
- 実装データへの転用のしやすさ

2-7 データの管理方法の決定

開発が進み、複数人での作業を行っていくと、管理するデータが煩雑になり、データ整理などの作業に手間が取られてしまい作業効率が下がります。また、コミュニケーションが不足していると、デザイナー側が把握しているデータと、エンジニア側が把握しているデータで齟齬が生じやすくなります。

そのため、作業者間でのデータの受け渡しをスムーズに行えるような仕組みを作ることが重要になります。

やるべきこと

- 実装環境のディレクトリ構成を決める。
- 実装環境のディレクトリ構成に即した形で、デザインのデータを管理する。

決まっていないとどうなるか

- 実装環境と、デザイナー側で管理しているデータが合わなくなってくる。
- 作業者間でのデータの受け渡しが行えず、作業が属人化しやすくなる。

ダビマスでの例

実装環境のディレクトリ構成をデザイナー側で理解できる状態になっていないと、何のデータをどこに置けばいいかがわからず、開発中〜後半、運用時の対エンジニアとのコミュニケーションコストがかかってしまいます。

そのため、まず実装環境のディレクトリ構成をどのようにするかをエンジニアと話した上で、デザインされたデータもそれに即した構成で管理する形がベストと言えます。

また、以下の点が重要になります。

- 開発中は、デザインの修正を柔軟に行えるような体制にしておくこと
- 変更履歴がわかるように、バージョン管理できるようにしておくこと

データの管理方法

図のような形で、ファイルサーバ上で管理するものと、Git 上で管理するものの住み分けを行います。

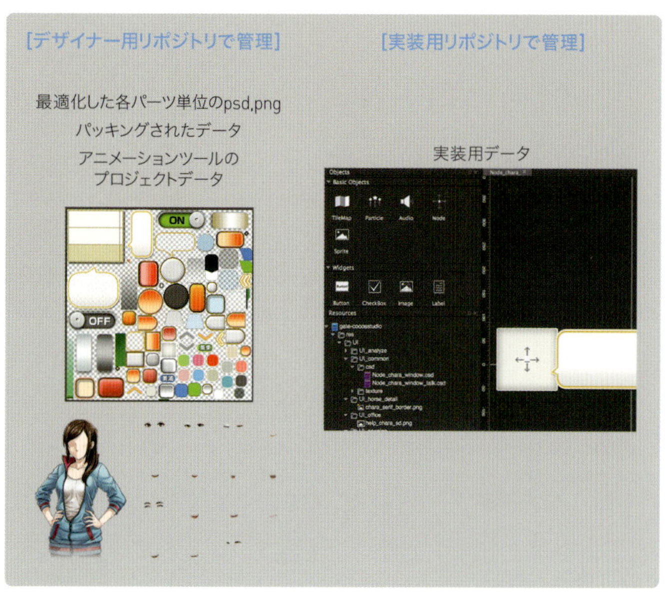

図 2-7-1 ファイルサーバでの管理と、Git での管理の切り分け

ファイルサーバ上で管理するもの

ファイルサーバ上では、各画面のレイアウトされた psd データと汎用的に利用されるコンポーネント単位の psd データを管理しています。

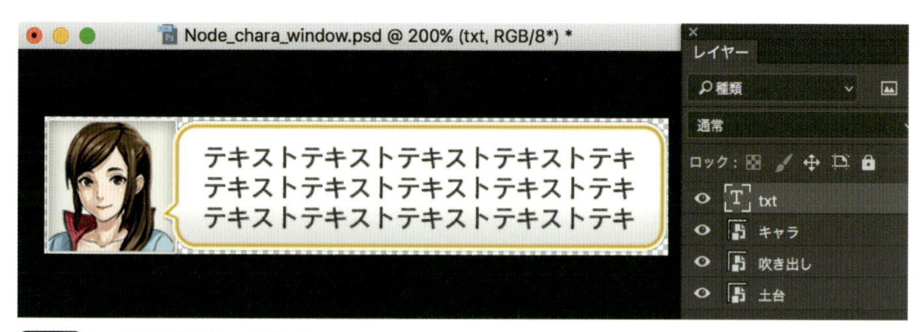

図 2-7-2 レイアウト済みの psd データ

実装時のディレクトリ構成と合わせた形でフォルダ分けし、該当する箇所に psd データを入れています。

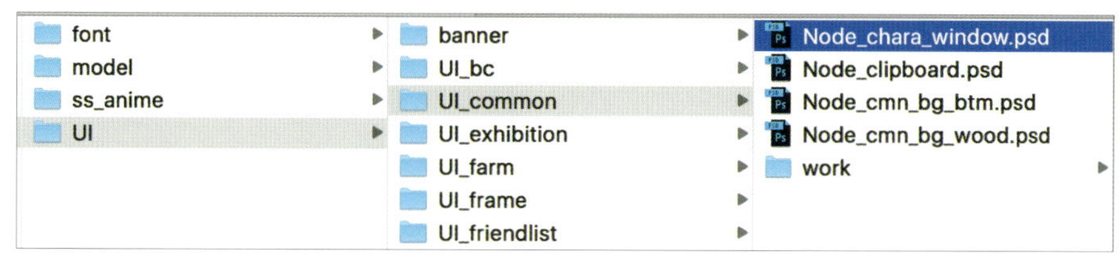

図 2-7-3 実装に合わせたフォルダ構成で管理

開発中はデザインも仮のものが多く、データの整理を完璧に行うことは難しくなります。プロジェクトのキリのよいタイミングで、不要なものを捨てたりなど整理する時間をまとまって割くことが重要です。

Git 上で管理するもの（デザイナー用のリポジトリ）

実装に用いるデザインのデータ（画像サイズを最適化したテクスチャーのデータなど）は、実装環境と同じディレクトリ構成で、Git でバージョン管理しています。

実装する上では、テクスチャーの面積がシビアとなってくるので、微調整が行えるようにサイズを最適化したパーツ単位の psd データを保持しておくことが望ましいと言えます。

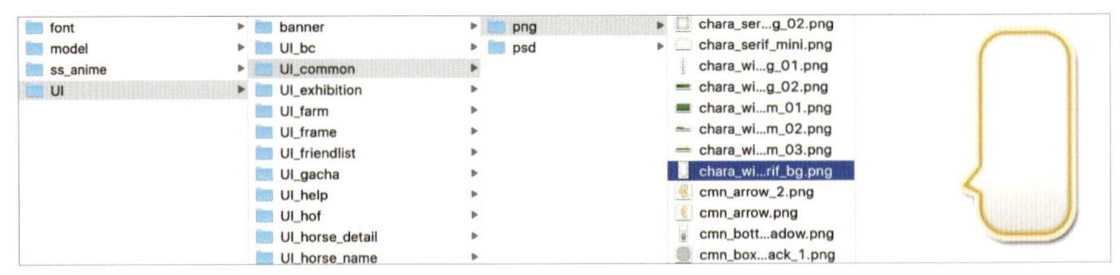

図 2-7-4 微調整が行えるようにパーツ単位の psd データは保持しておく

Git 上で管理するもの（実装環境のリポジトリ）

画像サイズを最適化したテクスチャーのデータを実装環境に取り込む際、ディレクトリ構成を揃えておけば、レイアウトツール上に画像を取り込む際に間違いが少なくなります。

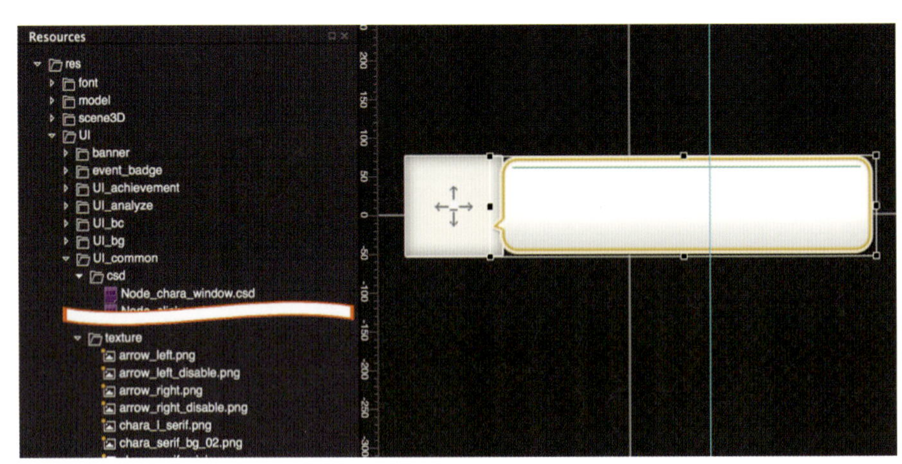

図 2-7-5 デザイナー用と実装用のディレクトリ構成は揃えておく

バージョン管理ツールの利用方法の周知

データを管理する側のデザイナーもエンジニアにとっても、パーツなどの画像データをバージョン管理できることはメリットが大きいと言えます。しかし、Git/SVN などのバージョン管理ツールは、特にそれらに触れたことのないデザイナーにとっては敷居が高いものとなりがちです。そのため、いかにしてデザイナーにとって敷居を下げるかが重要となってきます。

ダビマスでは、「Confluence」という wiki のツールを用いて、画像付きで内容を把握できるように、手順をまとめています。

COLUMN ダビマスのUI実装フロー

ダビマスにおけるUIの実装は、まず実装によって実現したい価値を明示した上で、プランナー主体で実現にあたっての実装内容の方針をデザイナー、エンジニア、テスターを含めて摺り合わせます。

この後、デザイナーはPhotoshopでデザインイメージを作成した後、オーサリングツールを用いてレイアウトデータ（UnityにおいてはPrefabに該当）を作成します。レイアウトの構造が決まればエンジニアも実装を行いやすくなるため、デザイン素材は仮状態でレイアウトデータをエンジニアに渡します。

エンジニアはレイアウトデータをもらい、機能実装し実機画面への反映を行っていきますが、同時にデザイナーはブラッシュアップを行いクオリティを高めつつ、ブラッシュアップした素材はデザイナー側で随時差し替えて完成を目指します。

職種間の実装フローが直列とならないように、デザイナーとエンジニアができるだけ並行に作業できる期間を設け、職能に応じた作業を行うようにしています。

CHAPTER 3

画面設計の手順

この章では、ゲーム画面を制作していく上での手順や考え方について解説していきます。特にデザインをはじめる前に、「開発チーム内で事前に決めておかなければならない最低限のルールを決めておく」ことと「画面配置を想定しておくこと」が重要です。

実際にゲーム画面を設計していく際には、想定されるすべての画面を俯瞰した上で、各ゲーム画面のデザインを考えていく必要があります。ここでの解説では、主に縦持ちのゲームを想定しています。

この章で学べること

- ▶「画面サイズ」や「フォントの扱い」など、画面デザインをはじめる前に、方針やルールを定めておく
- ▶「タップ領域」や「UI アニメーション」など、ゲームの UX（ユーザーエクスペリエンス）に関わる部分は、実機でも操作しながら調整を行う

3-1 デザインにあたって事前に決めておくべき項目

実際に画面を制作していく上で、事前に決めておかないと後々破綻が生じたり、修正コストが大きくなってしまうことがあります。決める必要がある項目は、実現したいデザインによって異なるので、特に UI デザイナー側から、チームに対してルールを発信していくことが望まれます。

この節では、一般的に決めておくべき項目について、ダビマスの例を交えながら解説します。

マルチ解像度対応を踏まえた制作データのカンバスサイズ

スマートフォン向けのゲームの場合、発売されている端末はさまざまであり、画面デザインを行う上では、サポートする端末すべてのアスペクト比（ディスプレイの画面比率）に対応していく必要があります（たとえば「16:9」のアスペクト比は、画面の高さが 16cm だった場合、幅が 9cm の比率になるという意味）。

そのため、どのような方針で異なるアスペクト比に対応していくかを決めなくてはなりません。

Photoshop などのレイアウトツールで、制作する際のサイズについては、サポートする端末の範囲と、基準とする端末を何に設定するかを踏まえて決めるべきであると言えます。たとえば、iPhone6 以降の画面サイズを基準として制作するのであれば、縦 1334 ピクセル×横 750 ピクセルになります。

ダビマスの場合、Photoshop 上では「縦 1136 ピクセル×横 852 ピクセル」のサイズでレイアウトをしています。これは、対応する iPhone の最低スペックの機種（iPhone 5 のアスペクト比「16：9」、画面解像度「縦 1136 ピクセル×横 640 ピクセル」）の高さを基準にし、対応する端末のなかでアスペクト比が一番正方形に近い端末である「iPad」（アスペクト比「4：3」）に対応できるようにしているためです。

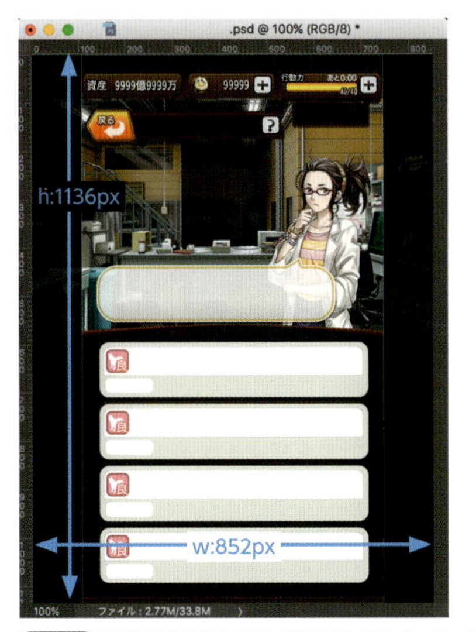

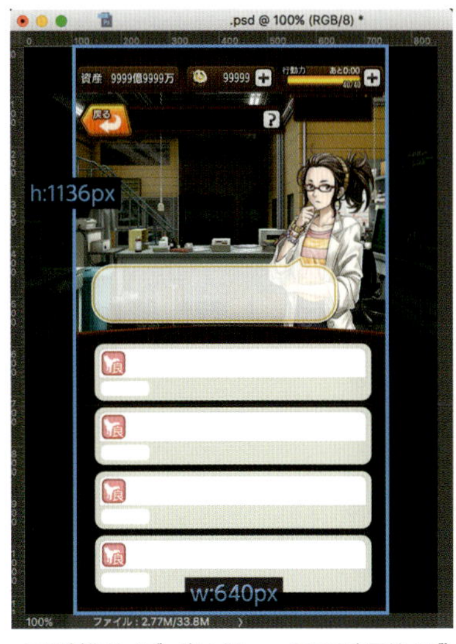

図 3-1-1 画面の解像度とアスペクト比（左：Photoshop での制作サイズ、右：iPhone 5 での表示サイズ）

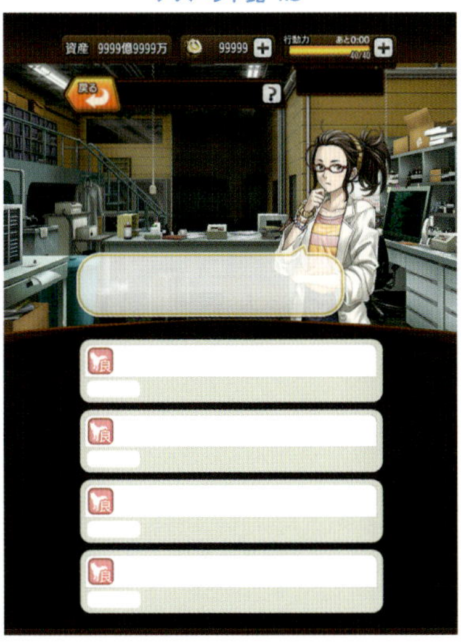

アスペクト比 16:10

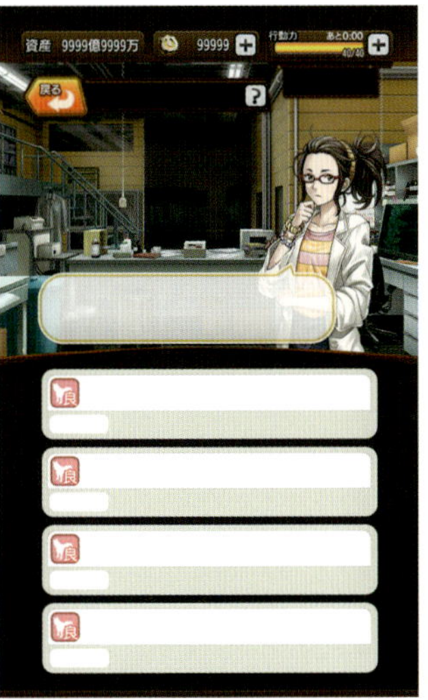

アスペクト比 16:9

図 3-1-2 さまざまなアスペクト比の端末での画面の見え方の例

レイアウト時は、画面表示が必須な要素は「縦 1136 ピクセル×横 640 ピクセル」の中に入るようにデザインし、左右の 106 ピクセルずつの余白部分は、背景など表示されていてもいなくても構わない要素で埋めるという形をとっています。

Android の主要端末は、概ねアスペクト比「16：9」～「16：10」の範囲が多く、iPhone、iPad 双方の比率に対応していれば、ほぼ対応が可能です。

フォントの使い方に関する方針

ゲーム内に文字列を表示する方法は、大きく分けて次の 2 種類があります。

- ［システムフォント］フォントファイル（.otf や .ttf ファイル）をアプリ内に組み込む
- ［ビットマップフォント］フォントを画像化してアプリ内に組み込む

システムフォントで対応したほうがよいもの

ユーザーが任意で入力する必要があるものは、システムフォントで表示させる必要があります。ダビマスでは、馬名や牧場名（ユーザー名）などが該当します。

図 3-1-3
ユーザーが入力する文字はシステムフォントを使用

また、ボタンに表示させる文字列も、文字列の表示パターンが大量に出てくるので、画像ではなくシステムフォントで表示させるほうが現実的です。

特に、多言語のローカライズ対応を前提としたゲームの場合は、システムフォントで実現できる表現にする必要があります。

図 3-1-4 ボタンの文字もシステムフォントで作成

システムフォントで表示する文字列に関しては、仕組み上どこまで装飾が可能かを検証しておく必要があります。

表現方法によっては、「シェーダー」の利用や、Unity の場合は外部アセットの利用も検討したほうがよいでしょう。それらを使うことによるデザイン性と描画負荷のバランスをエンジニアとともに検討しておく必要があります。

ビットマップフォントで作ったほうがよいもの

ゲーム内のバナーなど、装飾することが前提となる文字要素は、システムフォントでは実現できないものが多いので、画像で作る必要があります。

レース開始時の演出を例にすると、実装されている G1 のレースの演出については、個別に演出を作成しているため、すべて画像として文字を置いています。G2 以下のグレードについては、総数がかなり多いため、汎用的な演出となっています。そのため、レース名をシステムフォントで表現できるようなデザインとしています。

ビットマップフォントとシステムフォントのどちらで作るかは、デザイン性と効率性のトレードオフな関係になるので、デザインの内容によって適宜選択する必要があります。

バナーの画像例（ビットマップフォント）

G1 レース演出時の例（ビットマップフォント）

G2 以下のレース演出時の例（システムフォント）

図 3-1-5 ビットマップフォントとシステムフォントの使い分け

フォントサイズの取り決め

フォントのサイズのルールついては、以下の2点を決めています。

- 表示する最低の値を決めておく
- 固定幅をはみ出す場合の対応方法を決めておく

昨今のゲームアプリの場合、iPhone 5からiPhone 6以降が主流となってきたタイミングで、端末のサイズ自体が大きくなったため、画面に対しての文字の大きさが小さくなっている傾向にあります。

ダビマスの場合は、文字情報が多く、文字を小さくせざるを得ないことが多くなるため、実機での視認性を確認しつつ、下限を決めるという方針にしています。

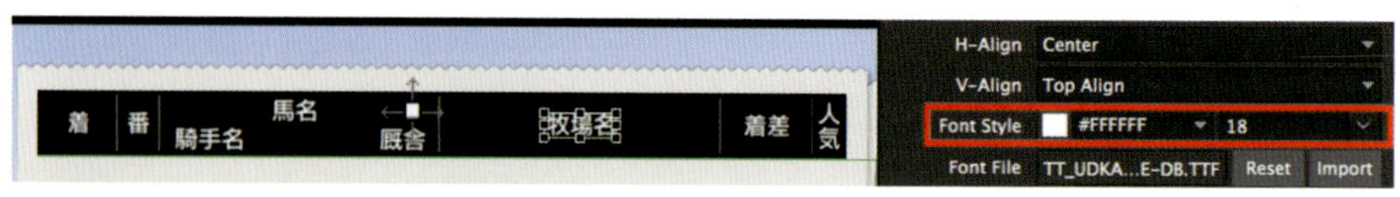

図3-1-6 最小のフォントサイズの視認性を確認する

固定幅をはみ出す場合の対応方法

固定した横幅の中に文字列を入れる場合は、文字数がオーバーした際の対処方法を考慮する必要があります。

ダビマスの場合は、史実上の馬名など省略が不可能な文字も多く出てきます。日本における競争馬の場合、馬名が2～9文字と決められているため、馬名の表示部分は最大9文字を前提としたレイアウトをしています。しかし、海外馬の場合、英字をカタカナ表記する場合もあるため、9文字以上のケースもあり得ます。

固定した横幅以上の文字数がでてきた場合の対処は、事前に決めておく必要があります。例として、次に解説するような方法があります。

・固定した横幅内に収まるように、フォントサイズを縮小する

Unityの uGUIでいう「BestFit」がこれにあたります。指定したサイズの間で、固定した横幅のサイズに合うフォントサイズに自動的にリサイズされます。

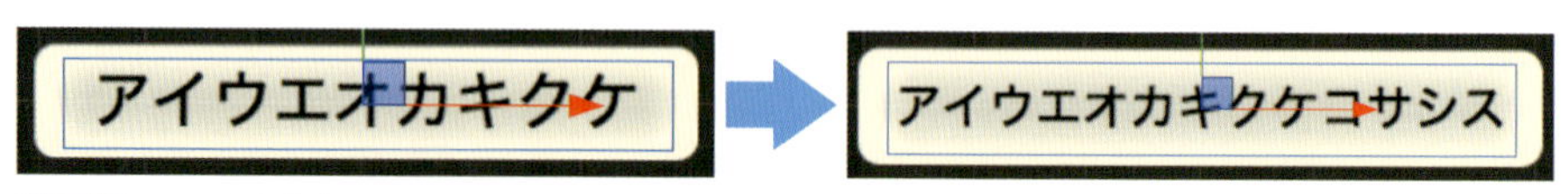

図3-1-7 フォントを縮小して配置

・固定した横幅内に収まるように、X方向のスケールを縮小する

フォント自体を小さくするのではなく、フォントの文字の横幅のみを縮める方法です（デザイン用語では「長体」と言う）。ダビマスの場合は、こちらの方法で対応しています。これは競馬新聞などの紙媒体でも、同様な対応をしているためです。

図3-1-8 文字横幅のみを縮めて配置

このほかにも、CSS でいう Marquee（マーキー）モジュールのような形で、文字をスクロールさせて表示する方法も検討できます。

ローカライズ対応を行うゲームの場合、英語／独語／仏語などは、同じ単語でも日本語の約 2 ～ 3 倍の長さになるケースも多いため、レイアウトに工夫が必要となってきます。

タップ領域のサイズ／マージン

ゲームの対応端末の中の一番小さい端末で、タップ領域の許容範囲を検証しておく必要があります。

情報量が多くなるゲームでは特に、対応する端末の中の一番小さい端末で、タップ領域の許容範囲を検証しておきます。

ゲームの場合、iOS のガイドラインで定められているようなサイズよりも、押下できるボタンのサイズを小さくするケースは多いと言えます。これは、各ゲーム固有のデザイン性が求められる部分が多いため、ツール系のアプリよりも画面構成が複雑になる点や、ゲームのモデルによっては、1 画面に置かなければならない要素が多くなる点が理由であると考えられます。

ダビマスの場合、牧場の馬／建造物は、それぞれを押すことができるので、誤タップしない範囲のサイズとレイヤー順序などを検証した上で配置しています。

牧場に表示される馬は、互いのボタンが干渉しない範囲で表示できるように、レイアウト段階でサイズ感を検証し、実機で確認しながら配置の微調整を行う

それぞれの馬を直接タップできる

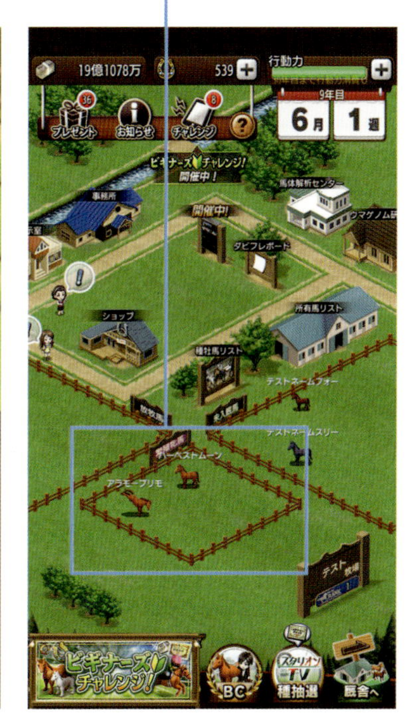

図 3-1-9 タップできる建造物や馬のパーツの配置

ヘッダー部分にある課金アイテムの追加（ショップへの導線）は、画面上部にあり指の可動範囲的に押しづらいので、見た目上の「＋」ボタン部分ではなく、枠全体を押せるように調整することで、タップのしやすさを確保しています。

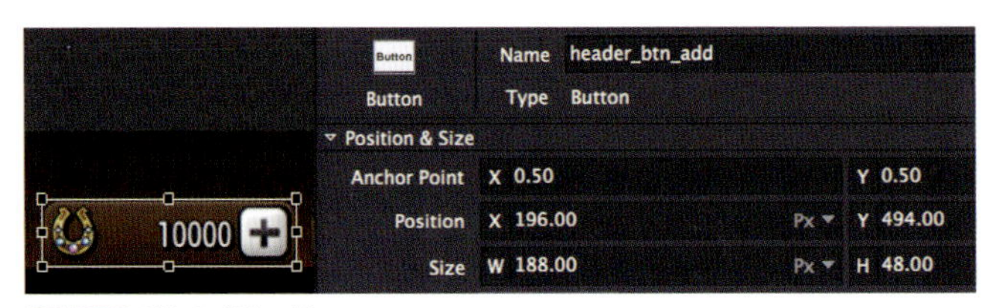

図 3-1-10 当たり判定の例

前画面へ「戻る」ボタンに関しては、ダビマスの場合、配置を上部にしている関係で、押しづらくならないようにボタンの見た目より、当たり判定を下に余分に設けるという工夫をしています。

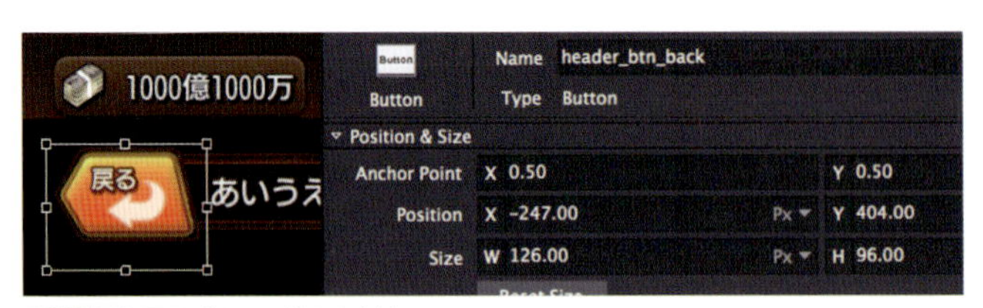

図 3-1-11 戻るボタンの当たり判定

汎用的なボタンのデザイン

ゲーム共通で使用する汎用的なボタンは、「色」「横幅」「高さ」のパターンを決めて管理しています。

ゲームの開発を進めていく上で、ボタンサイズを調整したいケースが出てくるため、サイズを変えやすいようにスライスやタイリングで、引き延ばしやすいデザインにしておくと、修正がしやすいでしょう。

基本的には、基準となる文字数や整列のしやすさなどを考慮して、サイズを決定していきます。

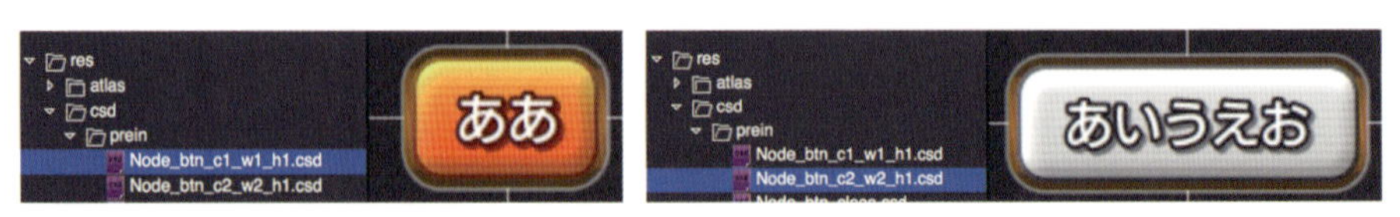

図 3-1-12 汎用的なボタンのデザイン例

UI アニメーションの実装方法の検討

ユーザーに対してわかりやすく、体感のよいデザインを提供するには、静止画での画面デザインだけではなく、要所でアニメーションをつけることが必要になってきます。

UI で必要なアニメーションは、デザイナー側で制御できるようにしておくと、後々の修正（特にテンポ感に関わる尺の部分の微調整など）をデザイナー側だけで行えるようになるので、開発効率が上がります。

アニメーションの修正作業を、エンジニア側だけで持たないといけない状況になっていると、作業のボトルネックになってしまうことがあります。そのため、デザイナーとエンジニアの間で作業をいかに分離できるかが重要となります。

ダビマスの場合は、画面に対して汎用的なアニメーション名を指定することにより、デザイナー側でUIアニメーションを制御できるようになっています。

- 画面を表示する際のアニメーション（in）
- 画面を捌けさせる際のアニメーション（out）
- ループ表示させるアニメーション（loop）

図3-1-13 ダビマスでのUIアニメーションの設定例

3-2 画面構成の手順

ゲームの各画面構成を考える際には、単一の画面で考えるのではなく、作成するすべての画面を横断的に考える必要があります。

画面デザインの考え方

図3-2-1 画面デザインを進める上での流れ

単一の画面でデザインを考えてしまうと、パーツ／コンポーネントを流用することができず、効率が悪く破綻しやすいデザインとなってしまう可能性が高くなります。

画面設計を進める上では、まず画面の階層構造を考えていき、どういったものが各画面共通の要素になるかを事前に検討しておく必要があります。

そこからベースとなる画面配置のバランス（縦持ちのアプリの場合は特に各要素の高さ）を見出していき、必要なパーツとコンポーネントを制作していきます。

作成したコンポーネントを組み合わせながらレイアウトのパターンを作成していき、パターンを作る上で破綻が出てきたら、コンポーネントのサイズを修正していく、といったことを繰り返していくと、破綻しない効率のよいデザインを実現することができます。

一般的に必要な項目

一般的なゲームで必要となるものは、主に以下のものがあります。

ユーザーのステータス情報（所持金、行動力など）

縦持ちの場合、ステータス情報は、ヘッダー部分にあるのが一般的です。ステータス情報が必要ない画面もあるので、画面によって表示／非表示を制御している場合が多くあります。

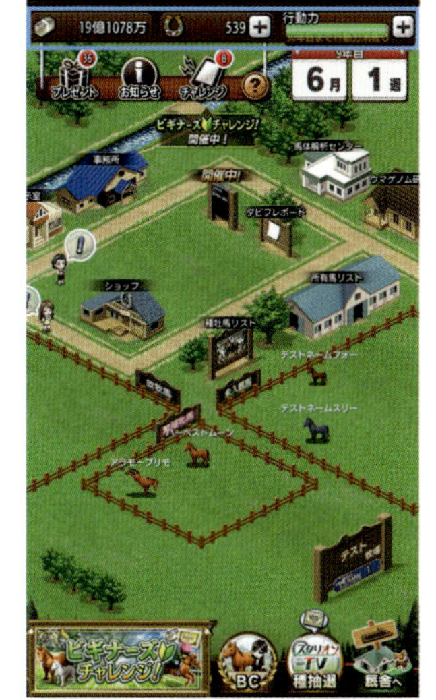

図 3-2-2 ステータス情報の表示例

ホーム画面から主要な機能へ遷移するための導線

主要機能への導線は、縦持ちのアプリの場合、フッター部分に置いてあることが多いです。ゲームの大分類にあたる機能をタブビュー型に表示したものが多く見られましたが、近年のアプリでは配置パターンが多様化している傾向があります。

単純に並列な要素を並べればよいというわけではなく、ゲーム内機能の世界観設定や機能の重要度を鑑みて決定する必要があり、運用時に機能が追加される場合があることを考慮しながら作る必要があります。

図 3-2-3 主要機能への導線の配置

第 2 階層以下の画面の戻るボタン

前画面へ戻るためのボタンは、どの位置に置くのかを想定する必要があります。画面ごとに、位置を共通にして置くことが一般的です。

画面ごとに、前画面へ戻るためのボタンは位置を共通にして置くことが一般的。

図3-2-4「戻る」ボタンの配置

画面配置の想定

ファーストビューに入れる情報を考慮しながら、ヘッダー／フッターの高さなどの画面配置を検討していきます。

ヘッダーとフッターの高さ

縦持ちのゲームの場合、共通な要素をヘッダー･フッターに割り振るケースが多いため、各領域にどれくらい高さを設けるかが重要になってきます。

内部の領域をなるべく担保しておきたいところではあるので、視認性・タップのしやすさを考慮しながら高さを決めていく必要があります。

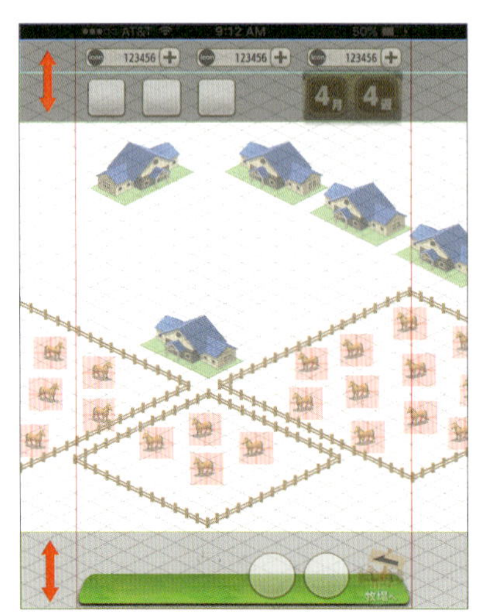

図3-2-5 ヘッダーとフッターの高さを検討

ファーストビューに入れるもの／入れないものの考慮

情報量が多くなる画面の場合、すべてをファーストビューに入れることは難しくなります。そのため、以下の点を考慮する必要があります。

- ファーストビューに入れる情報の取捨選択
- ファーストビューに入れないものを表示させる方法

情報量が多いほど画面が煩雑となるため、階層が深くなっても画面を分けたほうが、わかりやすくなるケースもあります。また、画面の密度が高くなるほど、表現したいデザインの制約も出てくるため、「情報量」「わかりやすさ」「ビジュアル面」を総合して考える必要があります。

ダビマスの一例として、所有している馬の詳細画面は、その馬に必要な情報をすべて内包する必要があります。

下記の画面では、「才能／戦績／血統」の詳細情報は導線以外はファーストビューには表示されておらず、下部のボタンを押下することで、ノート風の UI が下から表示されるようになっています。

図 3-2-6 ファーストビューに入れないものを表示させる例

戻るボタンの位置

縦持ちのゲームの場合、前画面に戻る動線を置く場所が悩ましいところではあります。左上か左下のどちらかが多く、最近は端末が大型化していることもあり、国内のアプリの場合は左下に置いているアプリが増えている傾向にあります。

「戻る」ボタンを下に置く場合は、デッドスペースが増えるため、リストビューの画面や情報量の多い画面では、スクロール範囲やスペースの活用方法に工夫が必要になります。

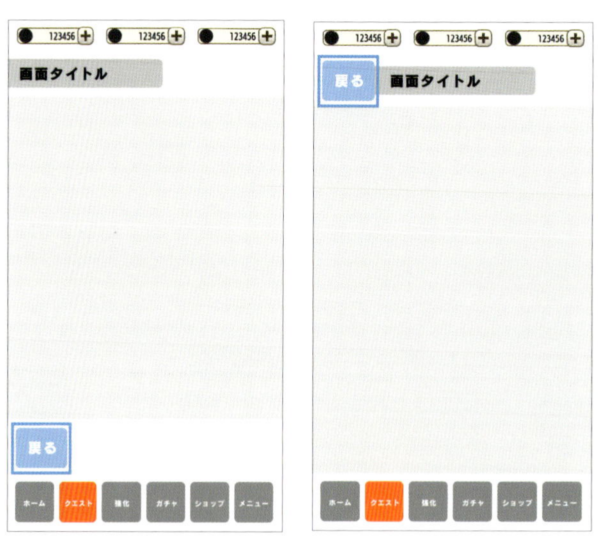

図 3-2-7「戻る」ボタンを下に置く画面例（左）と上に置く画面例（右）

パーツと画面デザインのまとめ

この章の最後に、用語と画面デザインの考え方をまとめておきます。具体的なゲーム画面のデザインとレイアウト設計については、次の 4 章で解説します。

画面デザインを行う上での構成要素（= コンポーネント）を考えていきます。

・パーツ
構成要素の最小単位のものをパーツと呼びます。

・コンポーネント
パーツを組み合わせた集合体をコンポーネントと呼びます。

・画面（ページ）
コンポーネントの組み合わせで画面が構成されます。

コンポーネントを作る上で重要な点は、画面での占有面積／サイズ感を意識して制作することです。

各画面は、コンポーネントの組み合わせで構成されているので、単一の画面での見栄えだけで考えるのではなく、使用するレイアウトすべてで成り立つ、適切なサイズ感を模索しなければなりません。そのため、レイアウトのパターンを作っていく過程で、各コンポーネントのサイズを微調整していく必要があります。

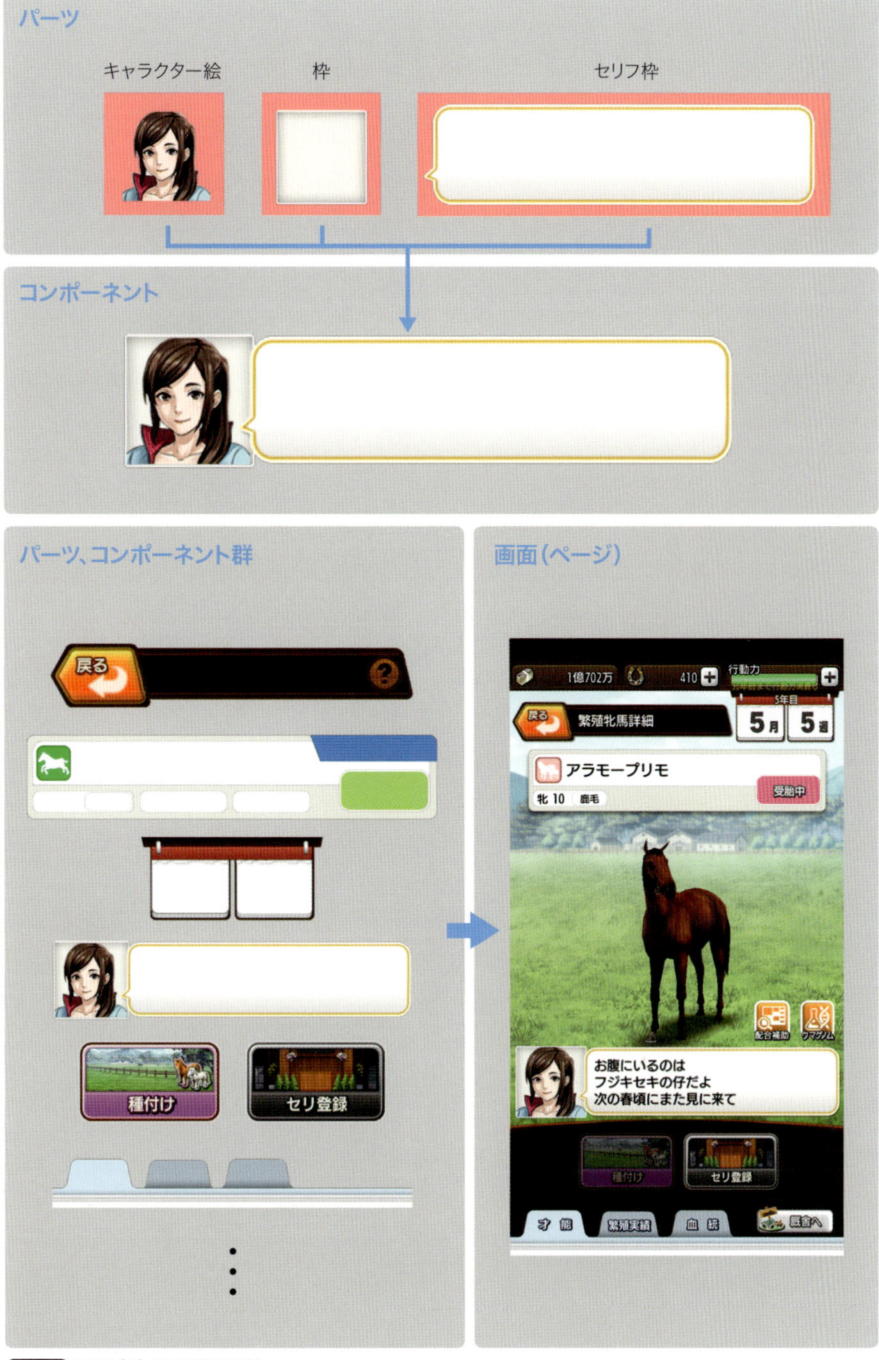

図 3-2-8 画面デザインの構成要素

デザイン　CHAPTER 4

ゲーム画面のレイアウト設計

　この章では、前章「画面設計の手順」を踏まえて制作されたダビマスの各画面の設計について、具体的な画面の例を用いながら解説します。ダビマスは、ジャンルとしてシミュレーション型のゲームのため、各種項目の設定や操作などに、以下のような特徴があります。

- **必要な画面数が多く、表やリスト型のレイアウトが多い**
- **画面としては別物であるが、似たような表示要素で構成される画面が多い**

　これらに対応するため、どのように効率的に作っていくかを重視して制作する必要があります。

この章で学べること

- ▶ ゲーム画面を設計する前に、ゲームの世界観を前提に画面遷移の設計を行い、ゲーム全体の導線を作成する方法を理解する
- ▶ 画面を構成する各種コンポーネントの洗い出しと、それらを組み合わせて一貫性を持った画面レイアウトを作成するための画面パターンを理解する
- ▶ 画面を構成するキャラクターや、ゲームにおける演出であるアニメーションの表示パターンについて把握する
- ▶ 開発時点でも、運用に関わる事項を考慮し、リリース後の施策などが柔軟に行えるようにする

4-1 全体の導線設計

　開発時は、各機能の仕様が必ずしもすべて決まっているとは限りません。また、制作する上で表示要素の微調整は少なからず発生するので、あまり細かい画面遷移図を事前に起こしても、その資料が無駄になってしまう可能性は多いと言えます。

　まずは、想定されている機能間がどのようなつながりになるかを考えることが重要です。世界観設定（特に、各画面がダビマスの中でどのような場所に存在するのか）と、ユーザーがゲームをプレイする上での利便性を両立させるという観点で、画面遷移の方向性を模索していきます。

ダビマスの場合、基本的なゲームの流れは、以下のようになります。

①各週に馬の育成を行う
②日程を進行する
③（レースがある場合）レースが行われる

これらを踏まえ、以下の方針を立てて、画面の設計を行っていきます。

- 第１階層（牧場 / 厩舎画面）を、所有する馬の管理機能兼ゲーム内の各機能への「ハブ」という位置付けにする
- 日程の進行に必要なカレンダーのボタンをほぼすべての画面に置き、いつでも押せるようにする

ダビマスの主要な画面間の遷移は、以下のようになっています。以降で、それぞれの詳細を見ていきます。

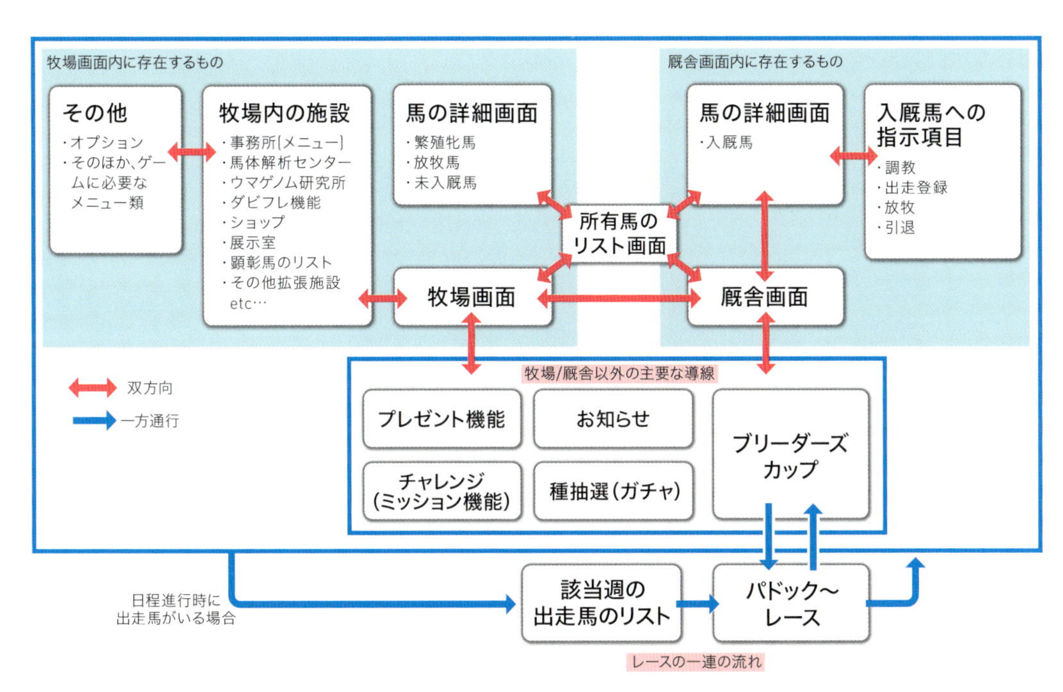

図4-1-1 ゲーム全体の導線

牧場／厩舎画面

ダビマスでは、「牧場」と「厩舎」が一般的なゲームにおけるホーム画面にあたります。

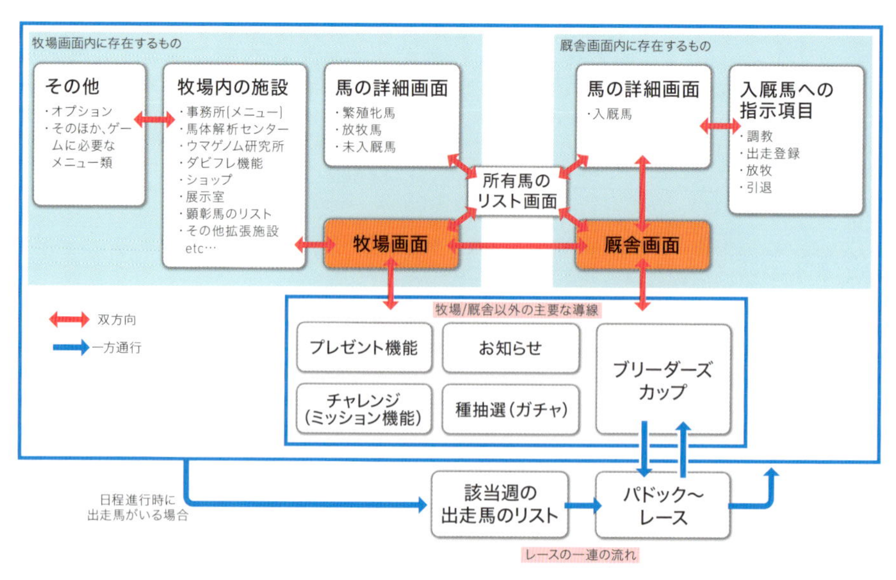

図4-1-2「牧場」と「厩舎」がゲームのホーム画面

牧場は、所有している馬への導線と牧場内各施設の導線の機能を有しており、牧場内にオブジェクトを設置し、牧場画面から直接タップで遷移できるようになっています。また、厩舎では競走馬の管理（調教・出走登録など）を行うことができます。

牧場⇔厩舎間の移動のために、右下にボタンが設置されています。1画面に統一するような方向性、スワイプなどで画面間を遷移させる方向性も検討しましたが、実機での操作性を検証した上でこの形となっています。

図4-1-3「牧場」と「厩舎」の画面デザイン

牧場／厩舎内に存在しないもの

世界観の設定上、牧場や厩舎の場所に存在するが機能としての重要度が高いもの（ブリーダーズカップ／種抽選）と、一般的にホーム画面に置かれることの多い機能（お知らせ／プレゼントbox／ミッション系機能）は、ヘッダーとフッターに分散させる形で、牧場と厩舎双方から遷移できるような導線になっています。

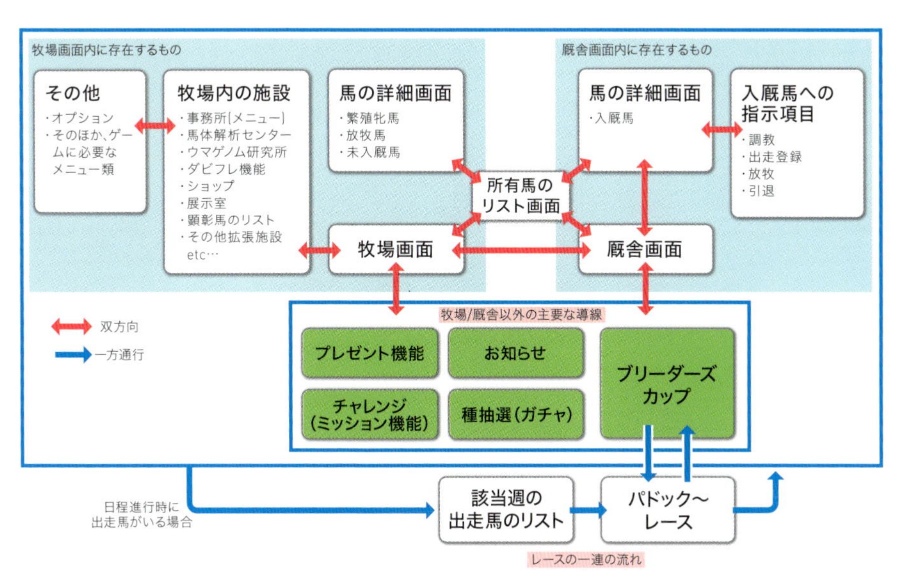

図4-1-4 牧場／厩舎内に存在しない施設や機能

レース画面

レースに一度出走すると、前の画面に戻ることをできなくする必要があります。「該当週の出走馬リスト」→「パドック」→「レース」→「レース結果表示」までは一方通行になっており、戻る導線はありません。

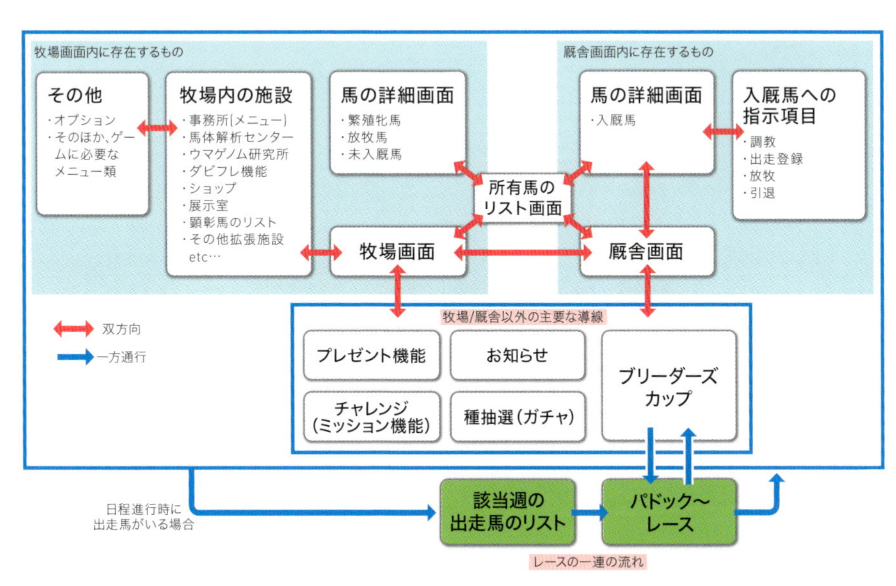

図4-1-5 レース関連画面の遷移

レース画面のヘッダー、フッター部分は一連のレースの流れに必要な各画面によって表示物は異なるものの、レイアウトは一定になっています。

基本的には一方通行である点と、ユーザーが繰り返し見ることになる画面のため、何も考えずにボタンを押せるように、次の画面へ進ませる動線は基本的に下部に配置しています。

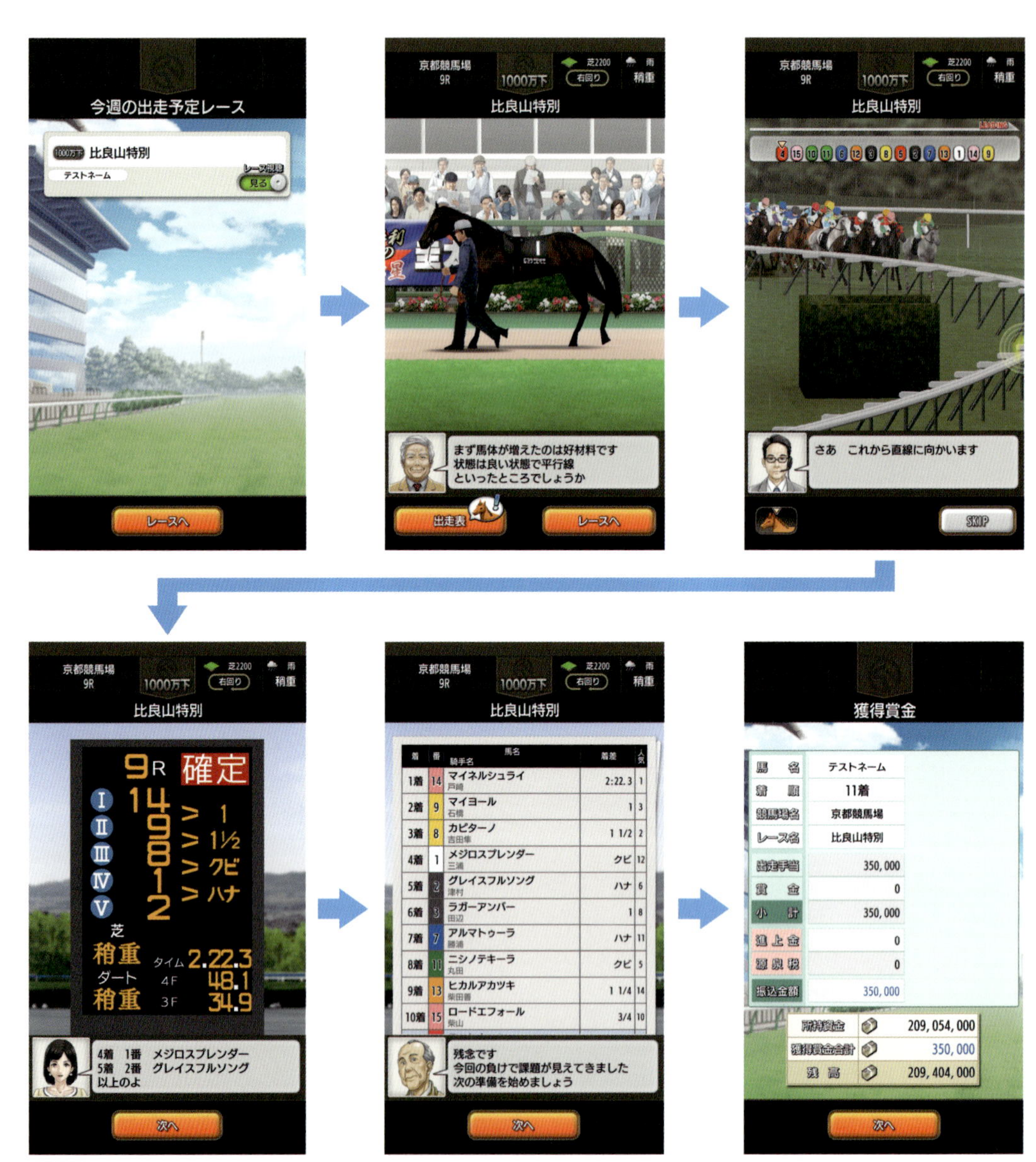

図 4-1-6 レース関連画面のヘッダーとフッター

所有馬の詳細画面

所有馬の詳細を確認する画面では、所有している馬に対して、調教師などの各キャラクターからのコメントがされ、その週で可能な行動の選択肢が表示されます。

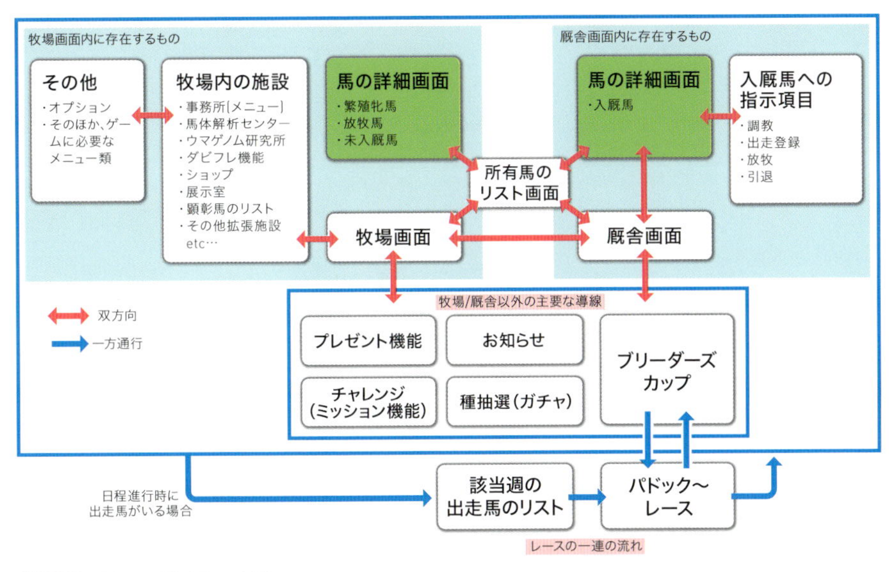

図 4-1-7 所有馬の詳細画面の遷移

繁殖牝馬や競走馬などで必要な表示項目は異なりますが、レイアウトは共通化されています。

情報量が多い画面ではありますが、モーションが付いている3Dモデルの馬の表示領域は十分取らないと、非常にシステマチックな印象になってしまうため、各要素の占有面積や、ファーストビューに必要な情報の取捨選択を行っています。

図 4-1-8 所有馬の詳細画面のデザイン

競走馬の詳細画面に必要な情報

競走馬育成ゲームの特徴として、複数頭の馬を同時並行で管理できることが重要であるため、各競走馬の画面間の移動を頻繁に行う必要があります。また、一般的な競走馬に関しての情報を入れるだけでも、必要な表示が多く、かつ省略できる情報が少ないといった特徴があると言えます。

縦持ちのスマートフォン向けのゲームとして成り立たせるためには、

- ボタンなど、操作領域は指が稼働できる範囲に集約
- 視認性の担保

といったことを行いつつ、馬のビジュアルやキャラクターのコメントを限られた領域内に配置していく必要があります。

1頭の競走馬を表示する画面では、以下の図に記載した情報が必要になってきます。ファーストビューに入れるもの（＝横断的に見たい情報）とそれ以外を分け、情報を整理することを行っています。

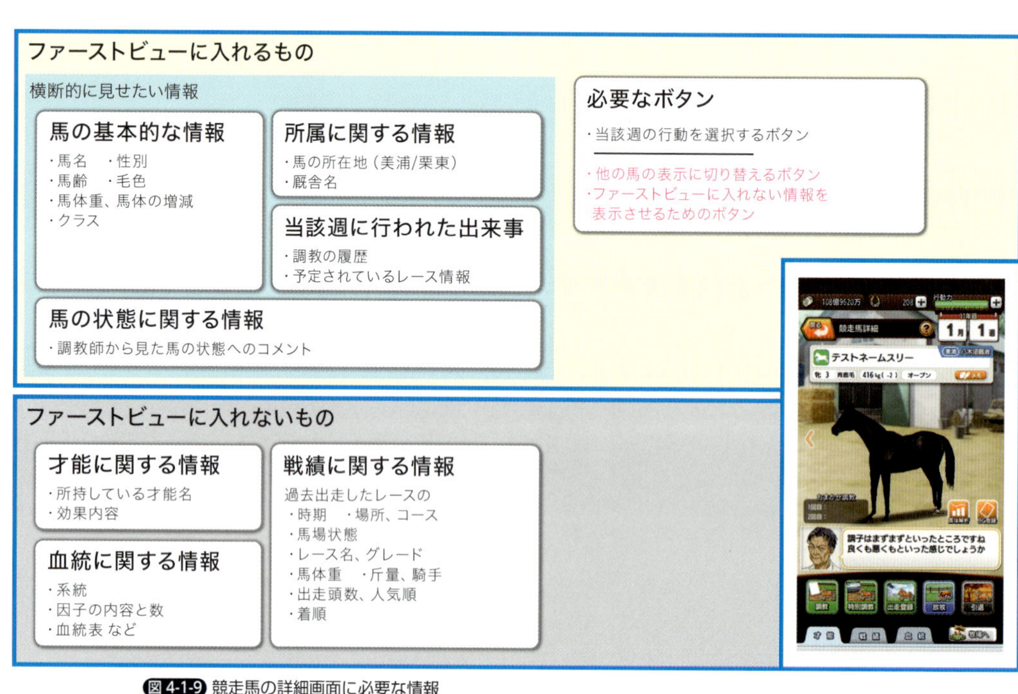

図 4-1-9 競走馬の詳細画面に必要な情報

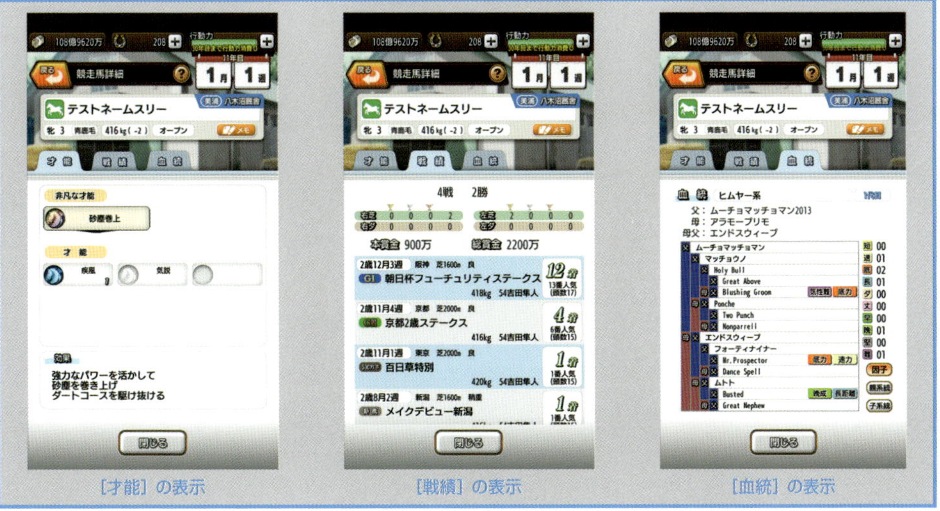

図 4-1-10 所有馬を管理するための導線

各施設の TOP 画面

ゲーム内の各施設は、登場するゲーム内シナリオの人物と紐づいており、ユーザーが認知しやすいように、専用の背景とキャラクターをセットで見せられるようにしています。

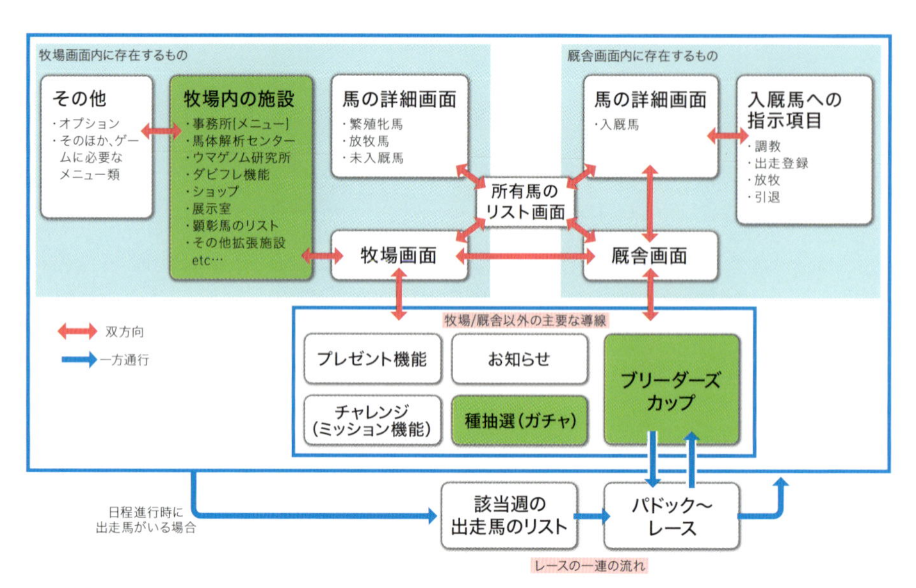

図 4-1-11 各施設の TOP 画面の遷移

図 4-1-12 各施設の TOP 画面のデザイン

4-2 画面の各種コンポーネント

この節では、ダビマス内で特に多く使用されているコンポーネントについて解説します。

各画面ごとにユニークなレイアウトで制作していくと、制作する画面が増えるほど、画面ごとに差分が生まれやすくなります。そのため、画面レイアウトの一貫性を担保するためには、コンポーネントの組み合わせで構成できることを前提にして制作するべきと言えます。

共通ヘッダー／フッター

多くの縦持ちのゲームアプリの場合、各画面で共通に表示させる要素としてのヘッダーとフッターがあります。ダビマスの場合は、画面によって配置パターンが異なり、以下のような形となっています。

牧場／厩舎（第 1 階層）の画面

以下のような観点で、ヘッダーとフッターに要素を配置しています（図 4-2-1 参照)。

①ユーザーのステータスにあたる「ゲーム内通貨」「課金アイテム」「行動力」に関しては、一般的なゲームに多く見られる形に習って、共通で上部に配置

②各画面に必要なカレンダーの UI は、実機で操作感を検証した結果、以下のような方針で配置

- **カレンダーは上部に置く**→視認性と誤タップさせない観点
- **常に表示させる**→何らかの操作をさせ、非表示のカレンダーを呼び出すなどはしない
- **タップで即日程進行させる**→日程進行時に確認のダイアログを出さない

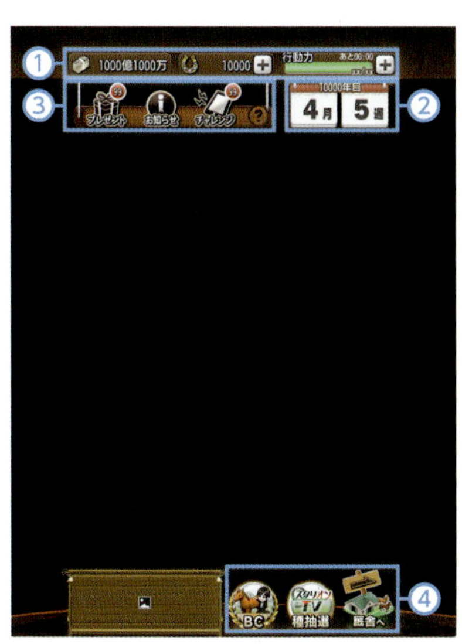

図 4-2-1 牧場／厩舎（第 1 階層）のヘッダーとフッターの配置

図 4-2-2 実際のゲーム画面でのヘッダーとフッターの見え方

カレンダーを下にスワイプさせる（カレンダー引きちぎるような）操作をして、日程を進行するという方法も考えられましたが、テンポを重視していた側面もあり採用しませんでした。

また、右側にカレンダーを置いている理由としては、後述する第２階層以下の画面で、「戻る」導線を左側に置いている点と、日付進行で行動力を消費するので、行動力のバーとセットで表示したいためです。

③④前節の牧場⇔厩舎間の移動のための動線と、「牧場／厩舎内に存在しないもの」の中で、（ゲーム内の設定上）場所の移動を伴うものを下部（④の位置）に配置し、残りの要素は上部（③の位置）に配置しています。

第２階層以下の画面

第２階層以下の画面では、「前画面に戻る」ための導線が必要になります。ダビマスの場合は、情報量の多いリスト型の画面が多いため、「戻る」ボタンをヘッダーに集約して少しでも表示エリアの高さを稼ぎたかったため、上部に配置しています。

図 4-2-3 第２階層以下のヘッダー画面

図 4-2-4 実際のゲーム画面でのヘッダーの「戻る」ボタンの見え方

第２階層以下の画面（カレンダー押下が不要な箇所）

画面によっては、カレンダーのボタン押下での日付進行が不要なケースがあるため、ボタンではなく年月表記のみの表示になっている箇所があります。

日程進行させると不都合なケースとは、たとえば「繁殖牝馬セール」は、２月のみしか遷移できない機能であり、ここで日付進行をして３月まで進めてしまうと、この画面から離脱させなければならなくなるためユーザーに対して不都合が出る、といった場合です。

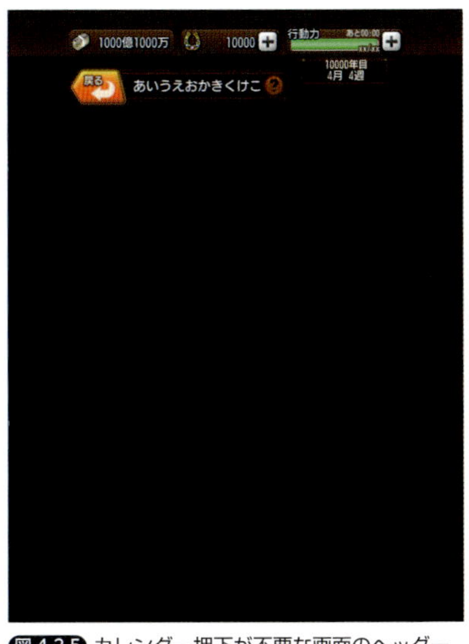

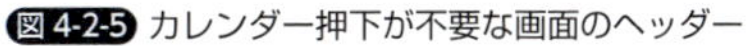
図 4-2-5 カレンダー押下が不要な画面のヘッダー

図 4-2-6 カレンダー押下が不要な画面の日付表示の見え方

会話型ウィンドウ

ダビマスの多くの画面では、「キャラクターが馬に対してのコメントを行う」もしくは「ユーザーに対して喋る」画面があります。そこで、会話型ウィンドウは、基本的には上から情報を見た際に、順序が成り立つような形に配置されています。

競走馬の詳細画面の場合、馬の基本情報（馬齢／馬体重／クラスなど）と、調教師のみがわかる馬の状態に対し、キャラクター（調教師）がコメントを行っています。そのコメントの内容を踏まえて、ユーザーがその週の行動を選択するという流れになります。

出走登録画面では、キャラクター（調教師）がユーザーに複数の選択肢を促し、馬の情報をもとにユーザーがレースを選択する形になります。

出走レース選択後の確認画面では、決定された情報に対して、キャラクター（調教師など）がユーザーに二者択一を迫り、ユーザーが行動を選択します。

図 4-2-7 会話型ウィンドウの配置 1

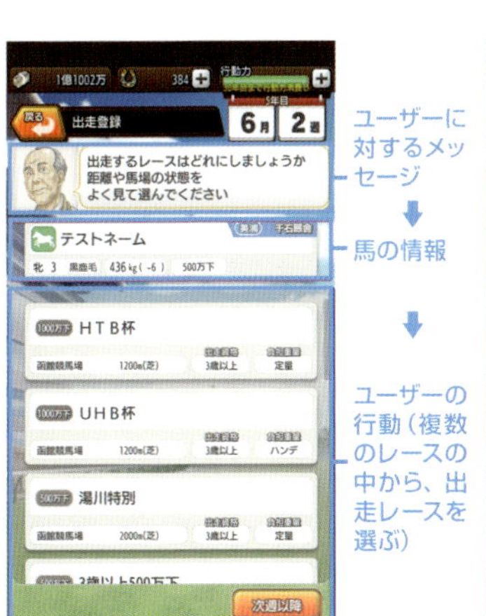

図 4-2-8 会話型ウィンドウの配置 2

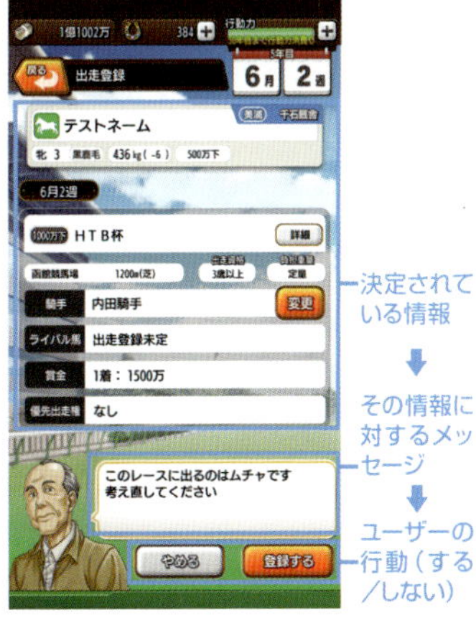

図 4-2-9 会話型ウィンドウの配置 3

馬のリスト

ダビマスでは、馬の情報をリスト化した画面も多く登場します。各リストで、レイアウトを共通化できるようにリスト上に表示される各項目に必要な情報の位置、高さなどが共通化されています。

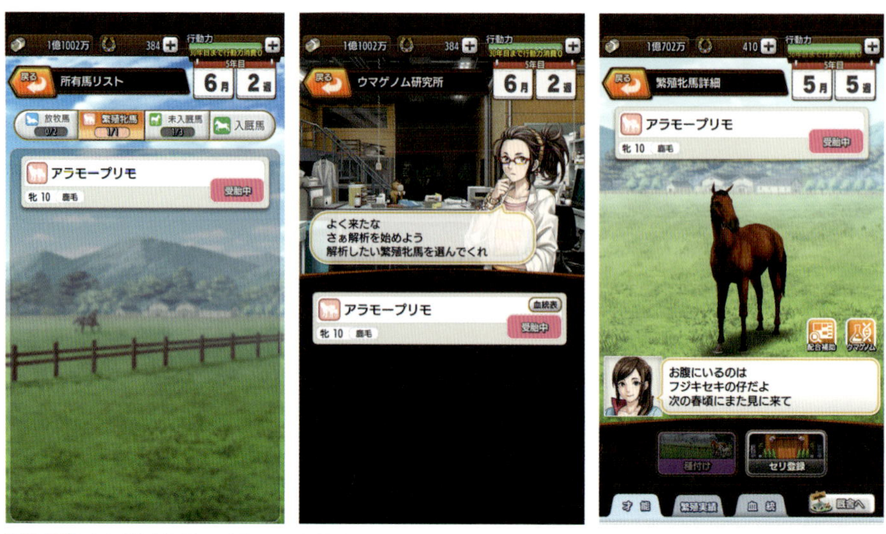

図 4-2-10 さまざまな画面での馬のリスト表示

馬のカテゴリ（繁殖牝馬、未入厩馬、入厩馬など）によって、表示される項目が異なりますが、それぞれで成り立つような配置でレイアウトをしています。

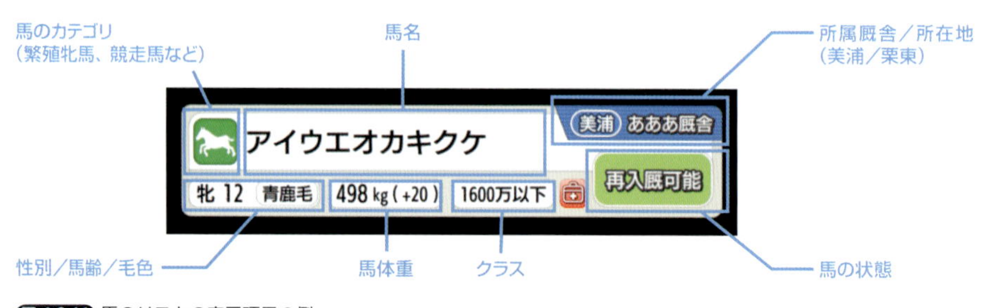

図 4-2-11 馬のリストの表示項目の例

プログラム側で条件に応じて、テクスチャーの差し替えや情報の表示／非表示が行われます。

図 4-2-12 各項目はプログラム側で制御できるようにしておく

種牡馬（種付権）の馬情報に関しては、牧場／厩舎上で所有する馬（繁殖牝馬、未入厩馬、入厩馬など）と表示項目が大きく異なり、また必要な情報内容に違いがあるため、フォーマットとしては別になっています。

リスト上では、表示項目の切り替え／ソート／フィルタリングなどを充実させ、必要な情報に行き着きやすいようにしています。

図 4-2-13 種牡馬（種付権）の馬情報の表示

情報量が多いながらも、リスト表示時にファーストビューに入る項目が少なくなり過ぎないような高さに調整しています。

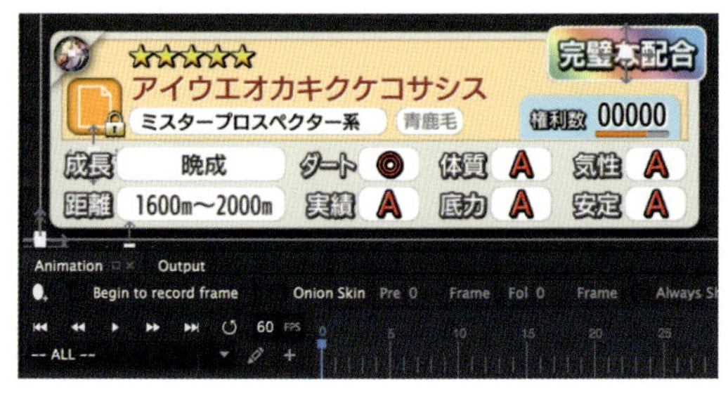

図 4-2-14 種牡馬のリストの表示項目の例

背景

背景要素は、大きく以下の２つのパターンに分けられます。

- 会話型ウィンドウと組み合わせて使用する、画面上半分を覆う背景
- リスト型の画面など、画面全体を覆う背景

図 4-2-15 画面上部のみの背景と画面全体の背景

各背景は、ゲーム内の日程に応じて、季節に合わせた見た目に変えています。レイアウトツール側で変数を指定することで、UI デザイナー側で季節別のテクスチャーを差し替えられるようになっています。

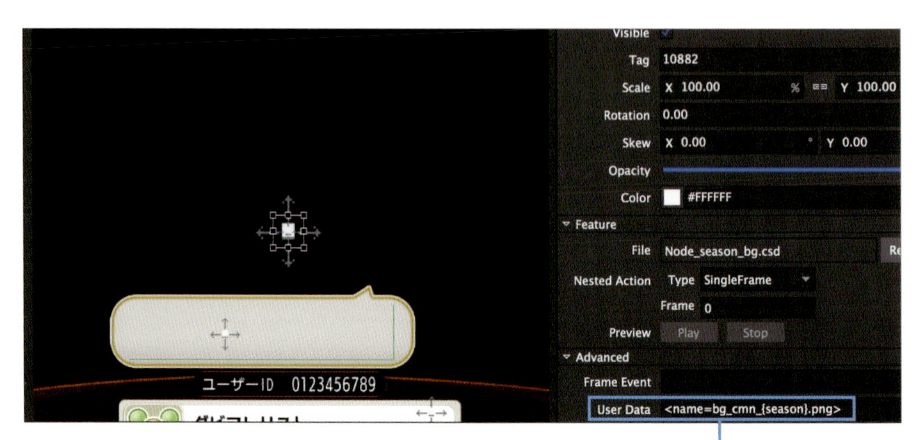

図 4-2-16 背景は季節に合わせてテクスチャーを差し替え

ダイアログ

ダイアログは、たとえばアイテムを消費する際の確認やエラーメッセージなど、さまざまな箇所で使用されます。また、エラーメッセージ用のダイアログなどは、主にエンジニア側で用意するものになるため、エンジニアだけで作業しても問題ないような仕組みを作っておく必要があります。

ダビマスの場合、ゲーム内で汎用的に使用するダイアログは、選択肢のボタンの数やダイアログ内の要素の内容によって、複数パターンを使い分けできるようになっています。

ダイアログ内の要素が文言のみの場合は、指定した領域に文言が表示されるようになっています。レイアウト上では、高さの最低サイズが設定されており、それ以上の高さの文言が来る場合は、自動的に高さが伸びるようになっています。

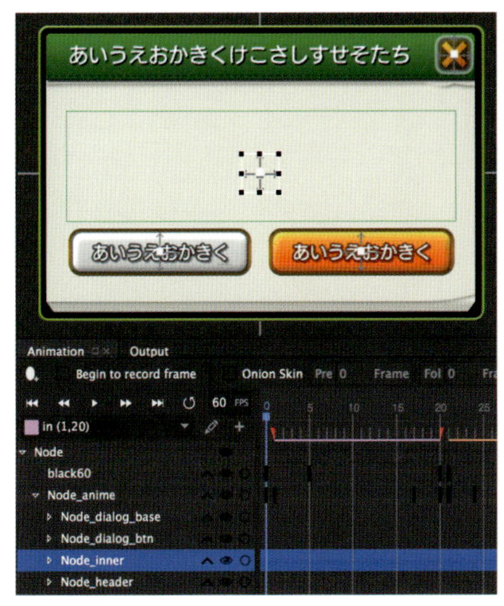

図 4-2-17 ダイアログの最低サイズの設定

また、ボタンの数や内容によって表示が切り替わるようになっており、UI デザイナー側でエンジニアに対して文言を指定するだけで完結できます。

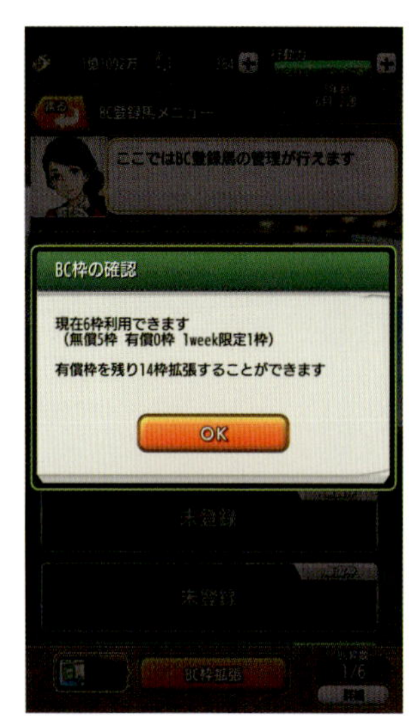

図 4-2-18 ボタンが 1 つのダイアログのデザイン

ダイアログ内に文言要素以外のレイアウトが入る場合は、ダイアログ内の中身の部分だけをレイアウトし、ダイアログのタイトル要素やボタン文言を指定してエンジニアに受け渡します。

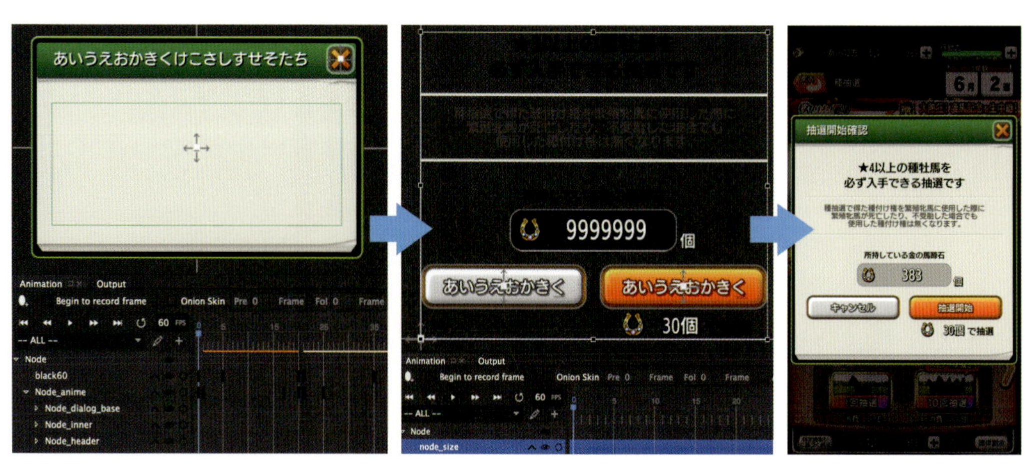

図 4-2-19 ダイアログに文言以外の要素が入る場合

4-3 コンポーネントの組み合わせによるレイアウトのパターン

この節では、ゲーム内で多く見られるレイアウトのパターンについて解説します。

各画面の必要な要素に応じて、前節で解説した各コンポーネントを組み合わせながら、レイアウトのパターンを分類していきます。

ダビマスは、ゲームとしての画面数は多いものの、似たような構成で表示差分のみの画面も多く、画面構成のパターン自体はそこまで多いわけではありません。大別すると、以降で解説する３パターンに分類することができます。

馬の詳細画面

所有している馬の詳細画面は、馬の種別（繁殖牝馬、未入厩、入厩後など）によって、必要な選択肢が異なります。種別ごとにユニークとなる情報については、次の図の「3.固有の情報」の部分に追加されています。

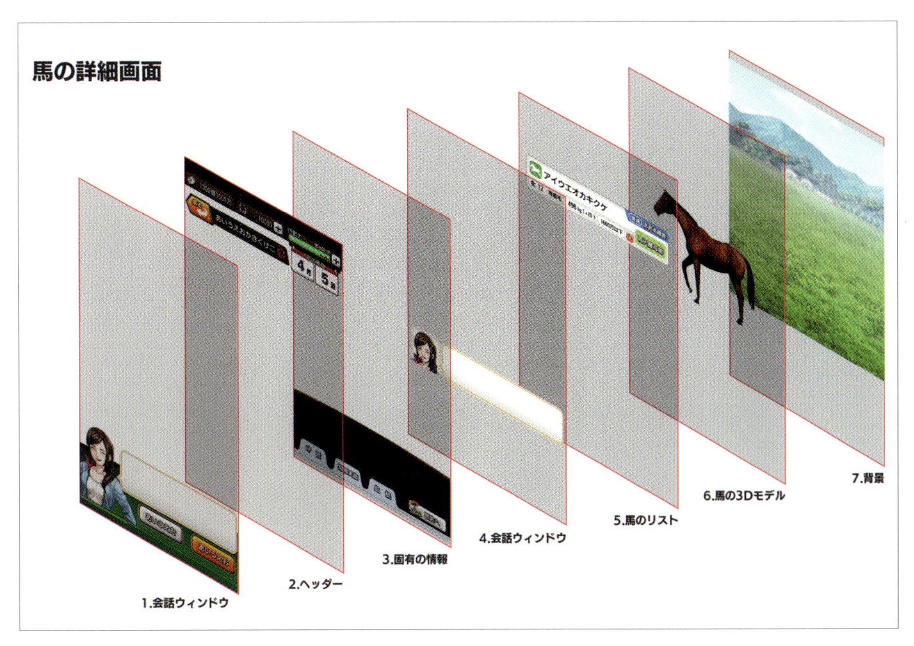

図 4-3-1 馬の詳細画面のレイアウト構成

図 4-3-2 馬の詳細画面の固有情報の表示例

放牧や引退など、2 択の選択肢を出すものに関しては、元の画面を維持した状態で表示したいため、「1. 会話ウィンドウ」をオーバーレイさせる形で表示しています。

図 4-3-3 「1. 会話ウィンドウ」の例

各施設の TOP 画面

各施設の TOP 画面のレイアウトは共通化されているため、背景要素とキャラクターの差分が大半を占めます。そのため UI デザインという点では、新規で画面を追加したとしても、新たにレイアウトを考える部分が少なく、結果的に作業コストを下げることができます。

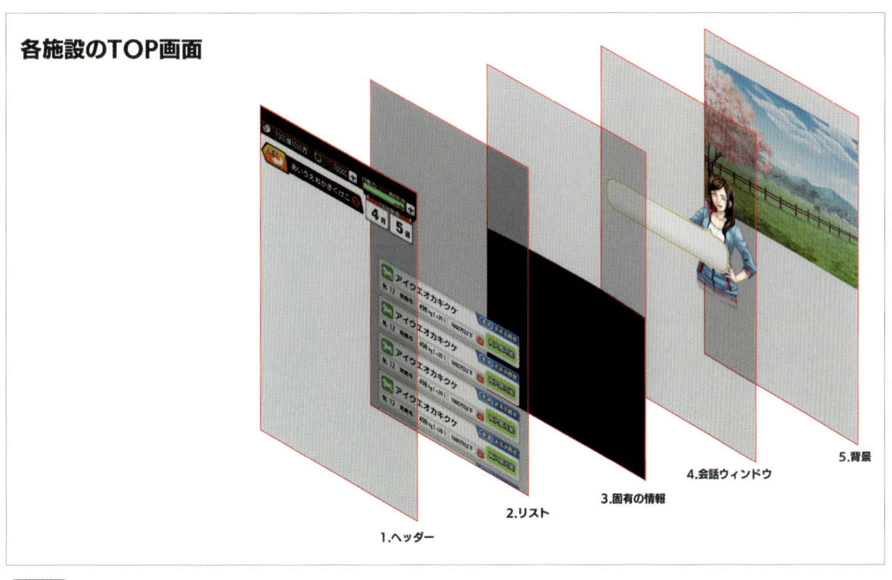

図 4-3-4 各施設の TOP 画面のレイアウト構成

図 4-3-5 各施設の TOP 画面の表示例

その他の画面

その他の画面については、「2. および 4. 会話ウィンドウの有無／種別」「3. 馬のリストの有無」の 2 点を踏まえ、上記の 2 ～ 4 のパーツの配置パターンのどれに該当するかを最初に決定します。

新しく画面をデザインする際には、残りの「5. 固有の情報」部分だけを考えればよいので、制作の時間を大きく短縮できます。

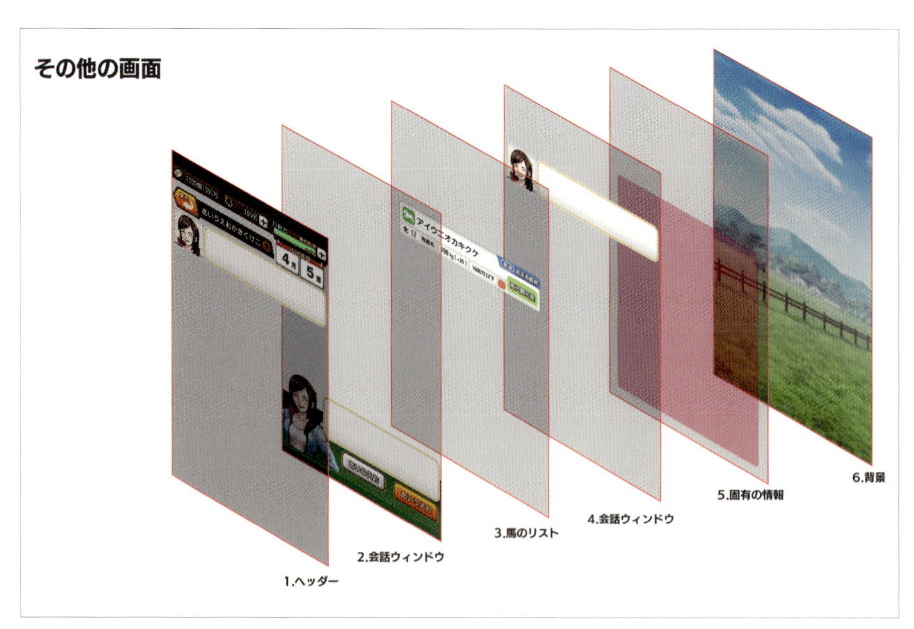

図 4-3-6 その他の画面のレイアウト構成

図 4-3-7「3. 馬のリスト」+「4. 会話ウィンドウ」のパターン

図 4-3-8「4. 会話ウィンドウ」のみのパターン

図 4-3-9「2. 会話ウィンドウ」+「3. 馬のリスト」のパターン

図 4-3-10「2. 会話ウィンドウ」のみのパターン

図 4-3-11「2～4. どれも表示させない」パターン

4-4 キャラクターの表示パターン

画面上にキャラクターを表示することは、ゲームのジャンルを問わず、どのようなゲームでも必要になります。キャラクターのデザインがよくても、ゲーム UI 上での表示サイズや UI パーツとのバランスなどが考慮されていなければ、その魅力は半減してしまいます。そのため、ゲームの UI デザインを行う上で、キャラクターの表示をどう考えるかは重要です。

ダビマスにおける「キャラクター」は、馬や人物などがそれに該当します。表示パターンそれぞれの詳細を以降で解説します。

馬の表示パターン

競走馬を表現する場合、毛色や白斑、メンコやゼッケンなど、表示の差分が大量に必要になります。動かすものに関しては、2D で制作するとテクスチャーのパターンを大量に用意する必要があり、通常は 3D モデルで作ったほうが現実的と言えます。

ただし、ダビマスの場合は世界観の設定上、以前からダービースタリオンを遊んでいるプレイヤーに対して、昔ながらの雰囲気を踏襲している側面もあり、あえて 2D で作っている部分も多くあります。

なお、2D のアニメーションに関しては、すべて SpriteStudio で制作しています。

牧場での表示

牧場に表示する馬に関しては、コマアニメで表示しています。牧場を表示した際に、複数の馬のポージングが被らないように、複数のアニメーションパターンの中からランダムでモーションが表示されるようになっています。

また、テクスチャーは馬の毛色の種類ごとに用意されていて、差し替えられるようになっています。

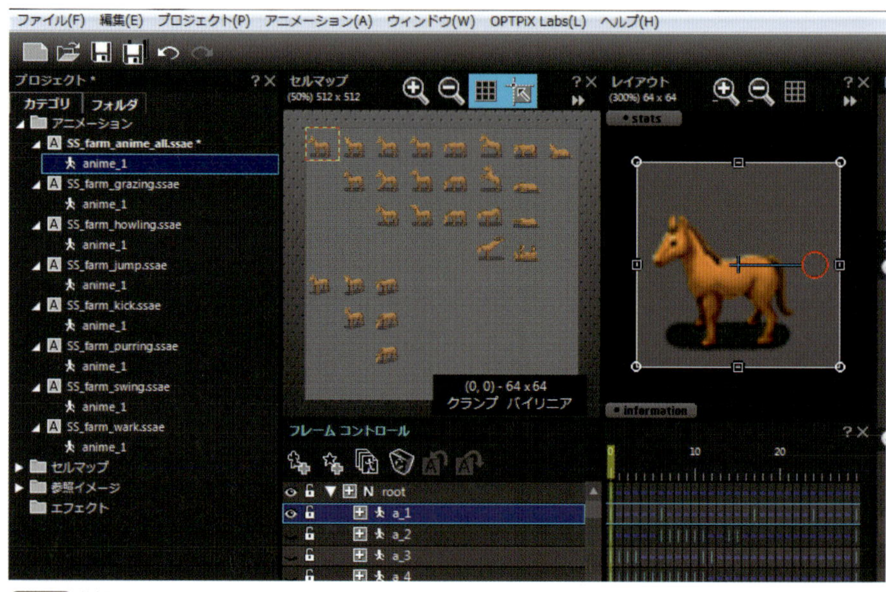

図 4-4-1 牧場での馬のキャラクター

出産シーンの表示

馬自体を動かさない演出に関しては、3D モデルをそのまま表示するのではなく、3D モデルをベースにレタッチして、2D イラストとして表示しています。

額や脚の白斑に関しては馬の個体によってバリエーションがあるため、配置した各データのテクスチャーを切り替えることで、差分を表現しています。

図 4-4-2 出産シーンでの馬のキャラクター

口取式での表示

口取式は、ゲームによっては省略されていることが多い部分ではありますが、ダビマスではダビスタシリーズの優勝演出を踏襲して、口取式の演出を制作しています。

馬の毛色、優勝レイ、騎手の勝負服など、差分が多いため、3D モデルを表示したほうが使い回しが効きやすいという点はありましたが、馬や騎手自体大きく動く演出にしなかった点や、運用時にコラボ施策を行う際に人物部分を差し替えることを視野に入れていたため、「ダビスタ 99」のような 2D で成り立つ演出になっています。

図 4-4-3 口取式での馬や人物のキャラクターと各種素材

レースのグレードによって、口取式の撮影が行われる場所や表示される人物が変更できるような作りになっています。馬、騎手に関しては、出産シーンなどと同様にテクスチャーを切り替えることで、模様などを変更しています。

また、勝負服やメンコの色などは、プログラム側で着色することで、テクスチャー数が膨大にならないように配慮しています。

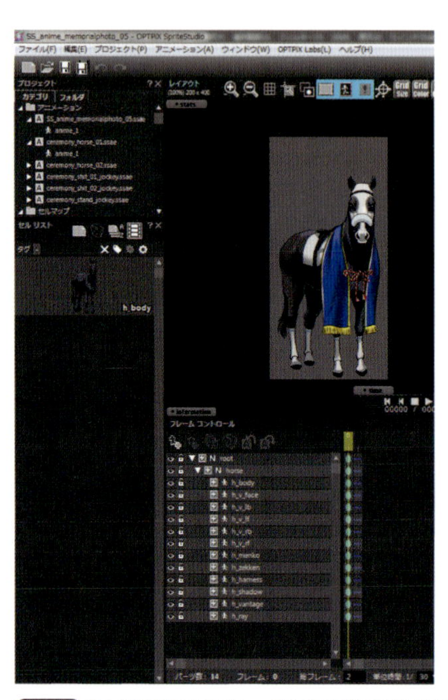

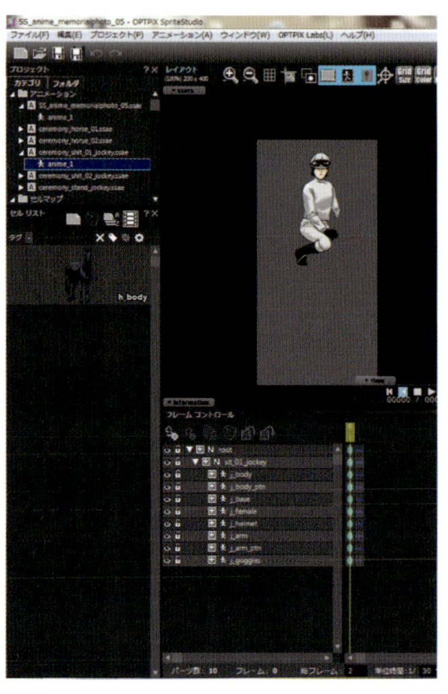

図 4-4-4 馬と騎手はテクスチャー切り替えができるように作成

UI 上で使用する 3D モデルの馬

馬の詳細画面などで表示される 3D モデルの馬は、レイアウトツール上で任意のサイズや座標に調整できるようになっており、サイズや位置調整を UI デザイナー側で完結できるようになっています。

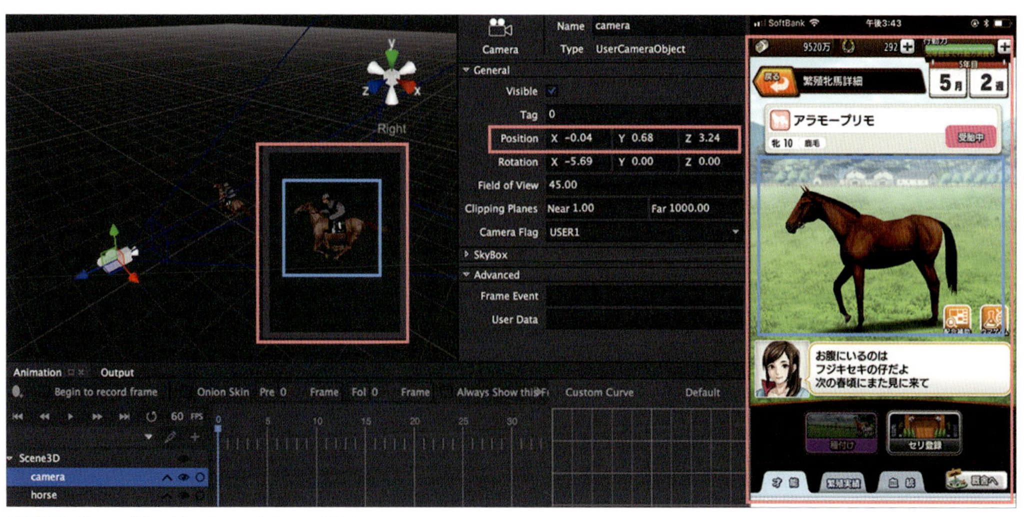

図 4-4-5 3D モデルの馬のキャラクターの配置

COLUMN 1 頭の馬の見た目

ダービースタリオンの馬の毛色は 8 種類です（ダビマスでは、月毛などにより詳細な毛色もあります）。馬の見た目の差分の多くは毛色によるものですが、ほかの差分として、顔や 4 足の脚元それぞれの白斑があります。

顔の見た目差分は 6 パターン、脚は 1 足につき 4 パターンと多くの馬の差分をつけるために細かな差分をつけて、実在馬を再現しています。さらにレース中はメンコやシャドーロールをつけたり、レースの種類に応じたゼッケンの色を割り当てたりと、競走馬にリアリティを持たせるための見た目差分にこだわっています。

人物の表示パターン

人物のキャラクターは、表示サイズや表情パターンの管理を、SpriteStudio の 1 つのファイルで管理できるようになっています。

表示サイズ別の人物の表示パターン

会話ウィンドウのサイズに合わせて、キャラクターをトリミングし、同一のテクスチャーで複数のレイアウトに対応できるようになっています。アニメーションは、表情パターンとサイズ別に管理しています。

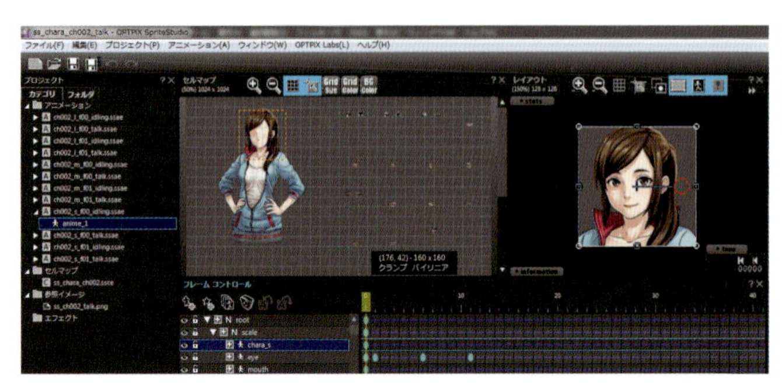

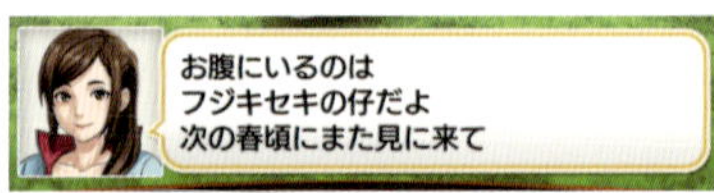

図 4-4-6 S サイズのキャラクターと表示例

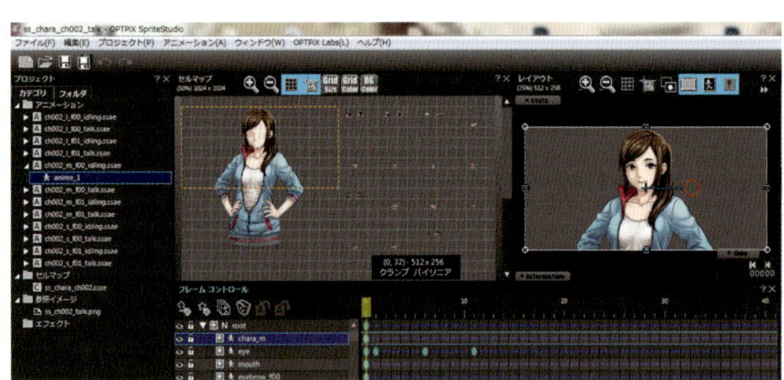

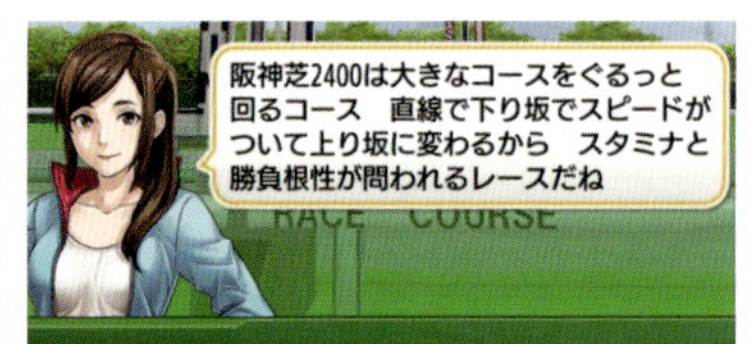

図 4-4-7 M サイズのキャラクターと表示例

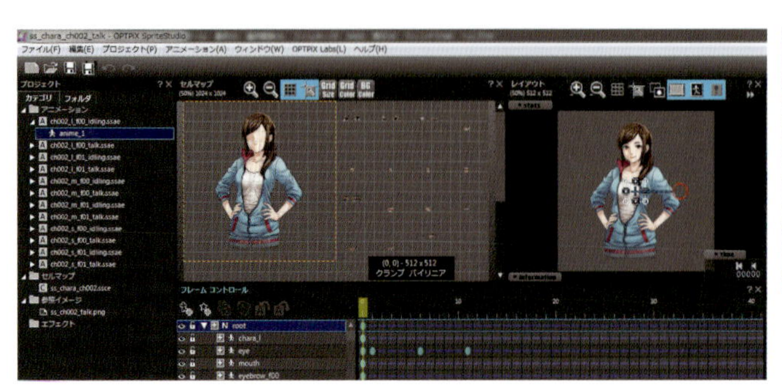

図 4-4-8 L サイズのキャラクターと表示例

4-5 全画面アニメーション

タイトル画面やゲーム内のガチャ演出などは、ゲーム固有の演出が必要となる箇所であり、全画面でのアニメーションを使用して期待感や臨場感を盛り上げる必要があります。

グラフィカルに表現することが必須な部分であるため、デザイナーとエンジニアの業務の作業分解がいかに行えるかが、品質を高める上でのポイントになります。

タイトル画面

全画面で表示する流し切りのアニメーションは、SpriteStudio で実装されています。タイトル画面の場合、導入部分の演出とタップ待ちでループさせておく演出は別々に管理しておく必要があるため、SpriteStudio のユーザーデータ部分に決められた文字列を入れることで、ループ箇所の指定などを行っています。

サウンドエフェクト（SE）の指定も同様に、ユーザーデータ部分に再生させるファイル名を指定することによって、特定のフレームから再生させることができ、デザイナー側で差し替えなどの管理が行えるようになっています。

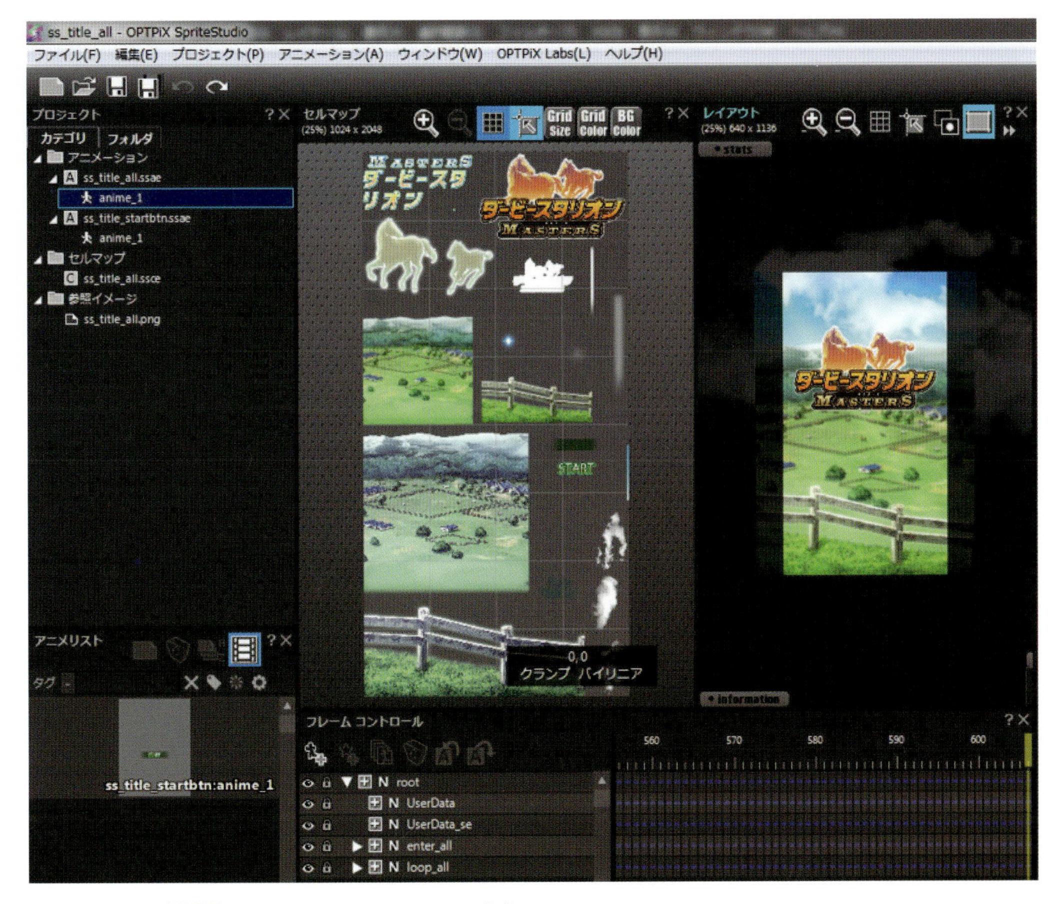

図 4-5-1 タイトル画面のアニメーションの作成

種抽選演出の画面

ダビマスにおける種抽選の画面は、一般的なゲームにおける「ガチャ」にあたります。一般的にガチャの演出は、期待値の演出によって分岐が発生するケースが多く、アニメーションの分岐が複雑になります。

ダビマスの期待値演出例として、以下のようなものがあります。

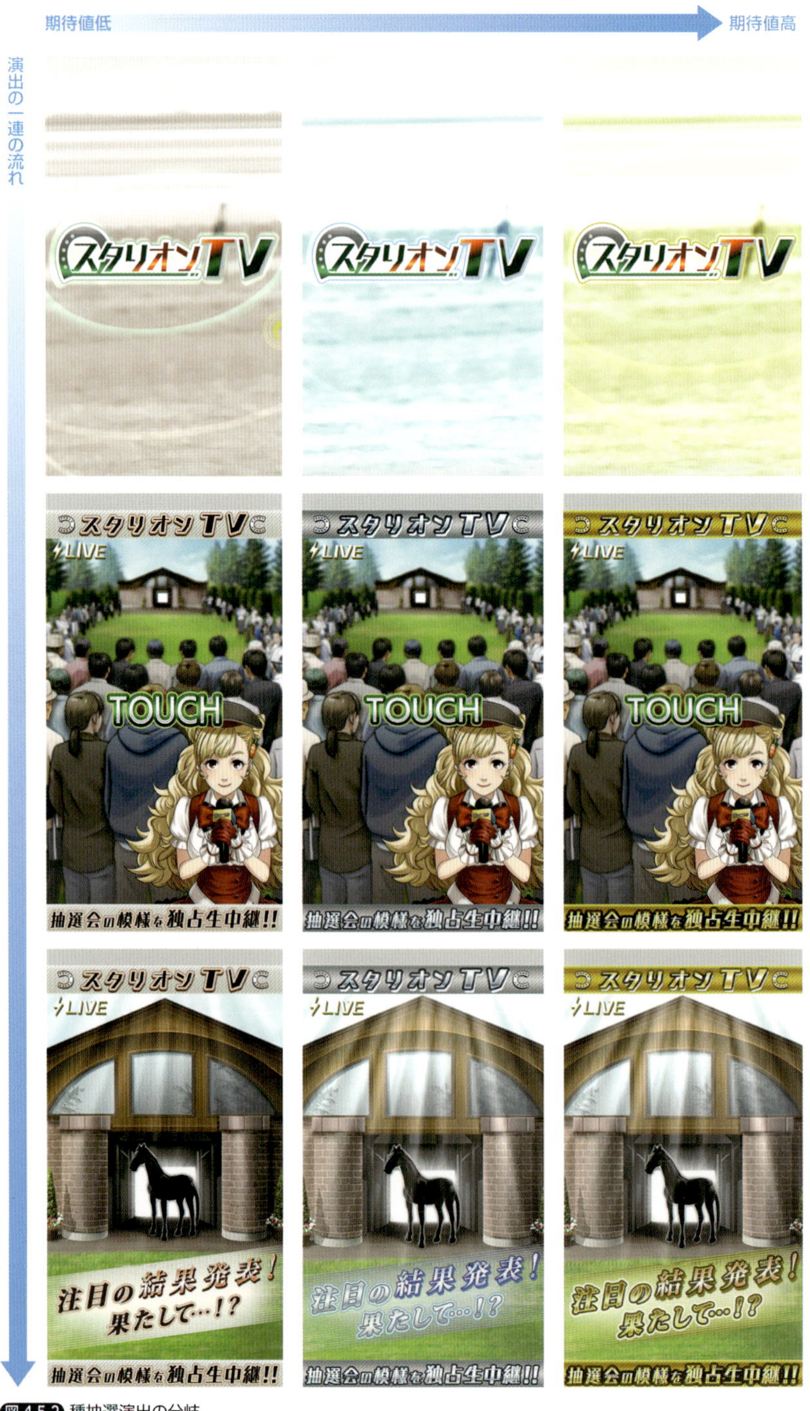

図 4-5-2 種抽選演出の分岐

また、コラボなどの施策によって、運用時に絵を差し替えたいという要望が出てくる可能性が高い箇所と言えます。そのため、データを差し替えることで見た目も変えられるような仕組みに設計できていることが必要となってきます。

ダビマスの場合は、演出中のキャラクターや背景のテクスチャーを施策に応じて変更できるようにしており、特定の施策で図の例のように、特別感を表現することが可能となっています。

図 4-5-3 施策時の演出差分の例

図 4-5-4 別の施策時の実装時の画面

4-6 ゲーム運用時に考慮すべき事項

ゲームリリース後、運用時に更新が発生する箇所については、開発時に以下の点を考慮しておく必要があります。

①アプリの更新なしで、UI を変更できる範囲の把握とその範囲を可能な限り多くしておく
②訴求用のクリエイティブのフォーマット化

この 2 点がうまくできていないと、「ちょっとした修正でもアプリの更新（iOS の場合、ストアでのアップデート）が必要になる」「施策実施時のデザインの制限が大きくなる」「運用時の工数増加」といったことが起こります。そのため、リリース前に十分に考慮しておく必要があります。

ダビマスの種抽選画面の例では、施策内容に応じて、この画面のデザインの以下の部分を動的に差し替えられるようになっています。そのため、画面全体の見た目の差分を出すことができるようになります。

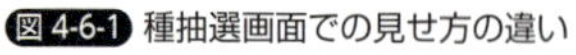
図 4-6-1 種抽選画面での見せ方の違い

- テロップ部分
- キャラクターの衣装
- 背景
- UI 下部の枠とボタン

施策の訴求に使用するバナー素材は、ゲーム内の複数の箇所で使用することが想定されるため、表示させる場所を想定した上で、縦横比率を決定します。画面によって縦横比率がバラバラになってしまうと、1 つの施策で複数の素材を作らざるを得なくなるため、運

用の工数増につながります。

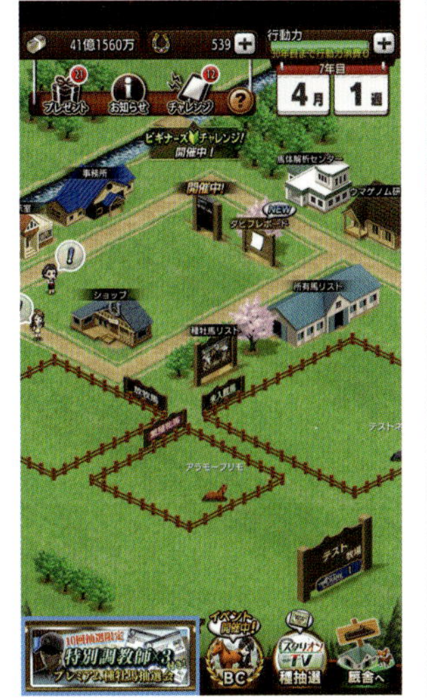

図 4-6-2 バナー素材の使用箇所

COLUMN 差分を出すための工夫

競馬ゲームで表現が難しいことの１つに、一般的なキャラクターを用いたゲームより、絵柄の差分を出しづらいという点があります。

特にダビマスの場合は、実在の馬の写真のデータを用いていないため、差分を文字情報で担保する必要があります。とはいえ、無機質な文字情報だけでは辛い面もあるので、画面の演出込みでそう感じさせない工夫が必要になってきます。

図 ダビマスの種抽選のトップ画面の演出の例

エンジニア CHAPTER 1

エンジニア視点のソーシャルゲームにおける UI 実装とは

最近のソーシャルゲームでは、アクションやパズルなどプレイヤーがゲームとして遊ぶ画面を「インゲーム」、そのインゲームで登場するキャラクターの強化など、ゲームを有利にするために準備する画面を「アウトゲーム」と呼んでいます。

ダビマスにおけるインゲームは「レース画面」、そのほかの画面は「アウトゲーム」になります。ダビマスはシミュレーションゲームであり、またゲームプレイのテンポを重視したタイトルであるため、インゲームにおいてもプレイヤーは介入せず、操作する必要がない仕様となっています。

そのためダビマスでは、ほとんどがアウトゲームの実装で、初回リリース時では 100 を超える画面数となっています。それに応じて、それらの画面遷移も複雑なものとなりました。こういった状況を踏まえ開発サイドとして、UI 実装の効率化が良いゲームを早く生み出すという点がポイントとなり、UI の実装効率化のための「UI フレームワーク」が生まれました。

デザインパートの 1 章でも解説しているように、ソーシャルゲームはもともとはブラウザによるゲームでしたが、スマートフォン自体の性能向上に伴い、ゲームはリッチ化していき、スマートフォンアプリによるソーシャルゲームが主流になったという経緯があります。

本書の主題である「DMUIFramework」の解説の前に、現在のソーシャルゲームで UI として共通して見られる機能を「バグにつながる項目」「パフォーマンスにつながる項目」「今や当たり前のように必要な機能」の 3 つに分類して俯瞰してみます。これらの機能を検討した上でダビマスにおいても実装を行っており、UI フレームワークによって効率的に実装を図った内容でもあります。

この章で学べること

▶ ソーシャルゲームの UI 実装として、共通する課題を理解する

1-1 バグにつながる項目

実装者から見たバグの原因は、想定外の処理が行われることにあります。プログラムでは記述したコードどおりの処理が行われるため、実装側の想定内であれば通常は問題ありません。しかし、プレイヤーの操作が介入する箇所は、以下のような想定外の挙動が出ることがしばしばあります。

複数ボタンの同時押しの排他制御

スマートフォンでは、画面上に存在するボタンはすべて同時に押せます。UI ではプレイヤーの意志を決定することが目的であるため、基本的には複数の選択肢のうち、1 つの決定を行ったことによる動作が必要です。

同時押しによって複数の動作が実行されると、予期せぬバグにつながることが多いため、同時押しされた場合も 1 つの動作を保証する処理を実装することは必須です。

通信時などで押せてはいけないときのタッチ制御

たとえば、サーバーとの通信や、数や量の多いリソースデータをメモリ上に読み込むなど、しばらくプレイヤーを待たせる処理を行う場合に、プレイヤーのタッチ操作が有効になっていると、予期せぬ進行がありバグが引き起こされることがあります。

このため、簡単にタッチ操作を受け付けなくする機能や、通信時は常にタッチ操作を受け付けないなどの制御を仕組みとして用意すると、UI を量産していく上で安心することができます。

ダビマスを例にすると、通信中はプレイヤーのタッチ操作を許さないという安全面を優先した仕様で実装しており、UI を実装するエンジニアは個別に操作を受け付けなくするという実装することがないように、仕組み化しています。

1-2 パフォーマンスにつながる項目

ゲームにおいては端末のスペックの高さが求められますが、スマートフォンゲームでも推奨端末は年々上がっており、ハイクォリティのゲームが多く登場しています。

しかし、端末の金額などもありプレイヤーのみなさんが、必ずしも最新の端末を所有しているとは限りません。そのため、エンジニア側では処理速度やメモリにも考慮し、できるだけ多くの端末をフォローする必要があります。

複数レイヤー重なり時の前後関係と見えないレイヤーの描画のオフ

ソーシャルゲームは初回リリース後も運用していくことが前提であり、さまざまな機能がリリース後に追加されていきます。そのため、画面数の増加と利便性を求めることで、画面遷移が複雑になります。

実装側の視点で見ると、画面の重なりによって表現する機会が多くなるため、表示順序を考慮して実装することに気を遣わなければなりません。

さらに、表示物を重ねることにより、背後の画像を表示する必要がなくなるケースも生まれます。その場合に、画面に映らない画のせいで描画負荷がかかるのは避けたいため、実装時の考慮点が増えていきます。

ダビマスを例にすると、UI フレームワークの仕組みにおいて、新規レイヤーの追加時ではデフォルトで背後のレイヤーを表示しない仕組みを実装しています。画面構成の必要に応じて、背後のレイヤーを表示するかどうかを決定します。

オンメモリキャッシュ管理

画面遷移を繰り返すと、特に画像によるメモリ使用量が高まり、予想外のクラッシュバグにつながります。メモリへ読み込むことよりも、読み込んだものの管理や破棄に気を遣わなければなりません。

現在のスマートフォンのメモリサイズは大きいため、コンシューマーゲームほど各ゲーム画面におけるメモリ使用の計画は必要ありませんが、ソーシャルゲームのリッチ化によって画像の解像度は高くなり、無計画に読み込むと簡単にメモリオーバーします。しかし再利用を考慮せず、残すべきところも都度破棄することになれば、再度すべて読み込み直しになるため、無駄な処理も発生してしまいます。

ブラウザの場合は、ページ切り替えによってメモリはクリアされるため、1つのページに対して表示できるほどのメモリ使用量であれば問題ないですが、1ページごとに読み込み直すという意味にもなります。この点はアプリとブウラザとの大きな差分になっています。

ダビマスでは、レイヤー構造のUIフレームワークを作成し、レイヤーの制御を行うことで、パフォーマンスとメモリ使用量の最適化を図っています。

1-3 今や当たり前のように必要な機能

スマートフォンのゲームではクォリティの高さが求められるため、プレイヤーの操作を配慮した作りや、細部の挙動がていねいに作り込まれます。そのため今やどのゲームにおいても、以下のように実装されている機能が多くあります。

「戻る」ボタンとAndroidバックキー対応

Android端末では画面外にバックキーが用意されており、「Google Play Store」にフィーチャーされるためには挙動実装が必要です。また、ソーシャルゲームの成り立ちがブラウザに起因しているため、バックボタンは画面上にもあり、押すと前の画面に戻るものという認識がプレイヤーにできています。そのため、画面内の「戻る」ボタンとAndroidのバックキーは、同等の挙動として実装するのが望ましいと言えます。

通信エラー時は、どの画面でも最前面でダイアログを表示

ソーシャルゲームの特性上、ゲーム中にサーバーと通信する頻度は高く、プレイヤーの環境次第では通信エラーが発生します。エラー発生時はダイアログによる通知をどのゲーム画面においても最前面で表示する必要があるため、共通して表示できる機能として実装することが好ましいと言えます。

ヘッダー／フッターによる画面構成

ソーシャルゲームではよく見られる画面構成ですが、ヘッダー部にはゲーム内資金や所有アイテムなどの資産表示とそれを増やすための導線を用意し、フッター部にはホーム画面やユニット構成画面、ガチャ画面など、利用頻度の多い画面への導線を用意します。

アウトゲームでは常に表示されるUIで、画面が切り替わるたびにUIの画像が読み込まれるような仕組みでは無駄が増えるため、必要である限りは削除しないようにします。

UIのアニメーションによる遷移

ブラウザによるソーシャルゲームが全盛の時期はWebページの都合もあり、画面が切り替わる際は静止した画面が途切れ途切れで登場してくるという表示になってしまいがち

でした。
　これに対してスマートフォン用のゲームでは、画面切り替えにアニメーションを入れるだけで、流れが生まれプレイ体感がよくなります。この切り替わりのアニメーションは、黒画面によるフェードイン／フェードアウトだけでも十分に効果があります。

タッチエフェクト

　スマートフォンでは画面を触って操作するため、コントローラーの物理ボタンとは違い押した感触がなく、どこを押したのかという反応がなければ操作に不安を覚えます。
　画面上のボタンには押した時のアニメーションを入れるなどの対応は必要になりますが、画面上の右半分の領域を押したらなど、挙動を示す手段がない場合もあります。このため、どの画面においてもタッチした箇所を示すアニメーションはあるに越したことはありません。

初回プレイ時のチュートリアル

　ソーシャルゲームでは説明書を別途用意することがないため、操作方法やルールなどを実際のプレイ画面に被せ、操作をしてもらいつつ教えるためのチュートリアルを用意することが当たり前となりました。
　ダビマスにおいても、ボタンを押す位置を示す指やキャラクターによるメッセージを表示させて、操作を誘導するように実装しています。この際、あくまで操作を覚えてもらうことが目的であるため、チュートリアル専用の画面遷移は用意しておらず、プレイの画面遷移を残した上で誘導するように実装しています。

COLUMN　ダビマスのチュートリアルの実装方針

　チュートリアルの実装時期は、ゲームの操作を伝えることが目的であるため、ゲームがほぼ出来上がっているリリース直前の時期に実装開始することになります。しかし、すでに出来上がった機能に対して、チュートリアル用の処理をエンジニアがソースコードを記述して実装していくことは、バグの原因や作業の属人化につながり、運用時の保守負荷となります。
　そのため、ダビマスではプランナーがチュートリアルを作成できるように、データによるチュートリアル進捗機能を実装しています。さらには、エンジニアとプランナーの作業分担を行うことで、プランナーがチュートリアルをエンジニアに依頼することなく変更することが可能になるため、コミュニケーションコストの削減にもなりました。

エンジニア CHAPTER 2

UI フレームワークの設計思想

この章では、前章の「共通して実装すべき項目」をプログラムで実現する前段階として、UI フレームワークの設計思想について、実際のダビマスの画面を例として使用しながら解説します。

画面の機能を分割しレイヤーとして作成して、それらを重ね合わせてゲーム画面を構成することで、コンフリクトが減少し、修正も容易になるなどのメリットがありますが、そのためには各レイヤーの独立性を保つことが重要になります。そして、レイヤーの重なりや追加・削除などの処理やボタン押下時の処理は、「コントローラー」で一括して管理します。

画面をレイヤー構成にすることで、複雑な画面遷移の制御も効率よく行うことができます。ただし、どのレイヤーを削除せずに残すかなどは、キャッシュメモリの状況との兼ね合いもあり、実際の画面の挙動を見ながらチューニングする必要があります。

この章で学べること

- レイヤー構造による UI フレームワークの設計思想や、レイヤーのグルーピングによる効率的な管理方法を理解する
- どのレイヤーを表示し、どのレイヤーのタッチ操作を可能にするかなどの「ルール」の設定について知っておく
- コントローラーによるイベント駆動により実装されているレイヤー処理の詳細を理解する
- サウンド制御も、レイヤーとコントローラーによって実現されていることを理解する

2-1 1 シーン制と UI のレイヤー分割

Unity や Cocos2d-x などのゲームエンジンでは、1 つのゲーム画面を構成するために「シーン」という概念が存在します。シーンには、その画面で使用するグラフィックなどのアセットやソースコードなどの多くの要素が含まれます。

このシーンにおいてよく起きる問題が、シーンに配置するアセットの量が多いと、多くの作業者間でコンフリクトが起きやすいということです。たとえば、ホーム画面といった重要な機能画面ではソースコードもアセットの量も肥大化していき、関わる作業者も増えるので、コンフリクトのリスクが高まります。

また、ヘッダー、フッター、エラーダイアログなど、複数の画面で登場するようなUIも存在します。このとき各シーンにアセットを配置しておく対応もあると思いますが、設計次第ではシーンが切り替わるたびに再読み込みが発生し、処理負荷の増加につながったり、デザイン変更になるたびに対象のシーンすべてを修正したりという作業が発生します。

そこで、今回のUIフレームワークにおいては、1シーンで実装することを前提とし、各画面では「UIをレイヤーとして分割し重ね合わせて構成する」という思想を用いています。

例として、図のようなリストを表示するUIの画面でも、ヘッダー部分はほかの画面と共通して使用するため、ヘッダーのレイヤーとリスト表示のレイヤーをそれぞれ作成して、重ね合わせて1つの画面を構成しています。

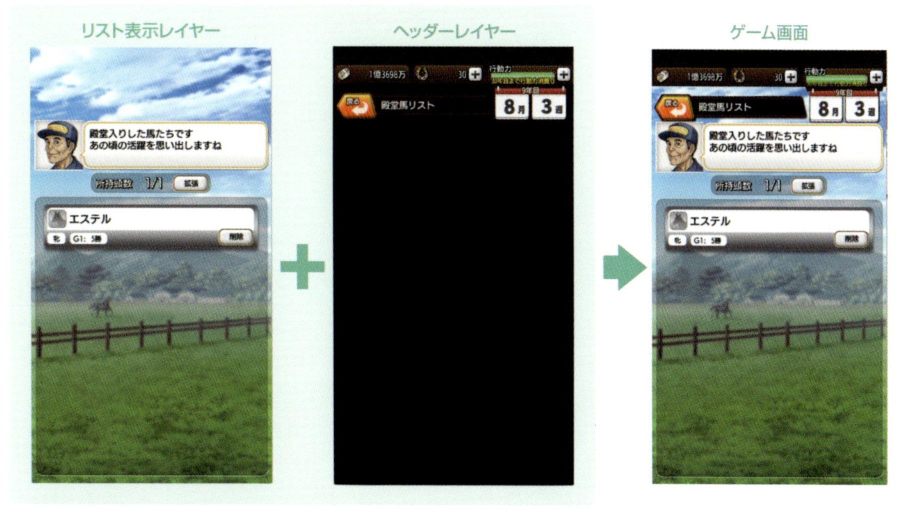

図2-1-1 殿堂馬リスト画面のレイヤー構成

COLUMN ゲームエンジン視点の1シーン制のメリット／デメリット

シーンはそのゲームにおける画面構成となるため、通常は、画面遷移はシーンの切り替えとします。そのためゲームエンジンとしても、シーン切り替えにおけるサポートは高く、不要リソースをメモリから削除する処理などを行います。

ただし、現場でよく起きることとして、どのシーンにおいても表示したいものは、シーンを切り替えても残すような処理を施します。これにより、エンジニアの管理コストの要因が増えることがあります。

1シーン制においては、シーンの切り替え時のサポートは自身で実装する対象となりますが、その分エンジニアが柔軟に動きやすくするための実装が可能となります。

2-2 レイヤーの実装と独立性

ダビマスのようなUIパーツの多いゲームでは、UIをレイヤーに分割して作成していくことを思想として開発を進めます。まずは、1つのレイヤーに実装する内容を挙げてみます。

- デザイナーが作成したUIレイアウトデータ、アニメーションの表示
- プレイヤーのプレイ資産に応じた情報表示
- ボタン押下などプレイヤーの操作による挙動実装（通信処理、ほかの画面へ遷移など）

これらは、レイヤー単体で画面上に登場しても問題なく動作することを前提とした上で実装します。言い換えると、レイヤーの分割基準になります。レイヤーを重ね合わせた際は1つの画面に見えますが、それぞれのレイヤーは独立して動くことができるため、複雑な見た目の画面においても拡張性が高まったり、作業分割のしやすさにつながったりする、などのメリットがあります。

また、プログラム以外にもレイヤー単位でレイアウトデータを用意することにより、デザインリソースが分離され、作業者間のコンフリクト発生率も下げることができます。

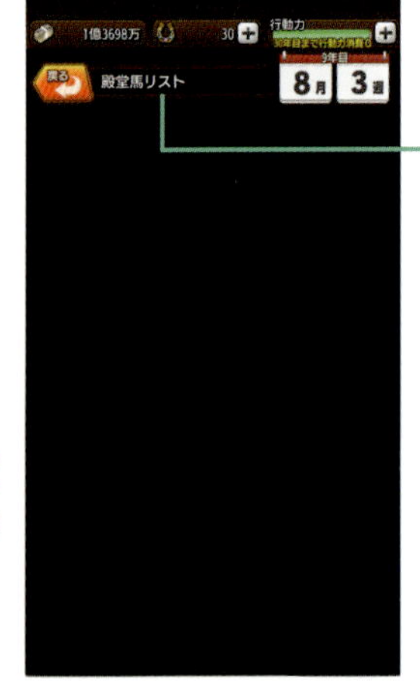

図 2-2-1 レイヤーとしての実装内容の例

2-3 コントローラーによる複数レイヤーの重なり制御と追加・削除による画面遷移

レイヤーは重ね合わせることを前提としますが、複数のレイヤーが重ね合わされる状況下では、表示順序の制御が必要です。そのため、レイヤーを管理する「コントローラー」を用意し、複数のレイヤーが絡む処理はコントローラーによって制御します。

例として図では、ヘッダーレイヤーは画面上で手前に表示されるため、手前になるように重なりの順序を制御します。

図 2-3-1 レイヤーの前後関係

ヘッダーは画面が切り替わる際も残るようにするため、図のようにヘッダーレイヤーの背後に、コントローラーでレイヤーを追加するように制御して画面を表現しています。

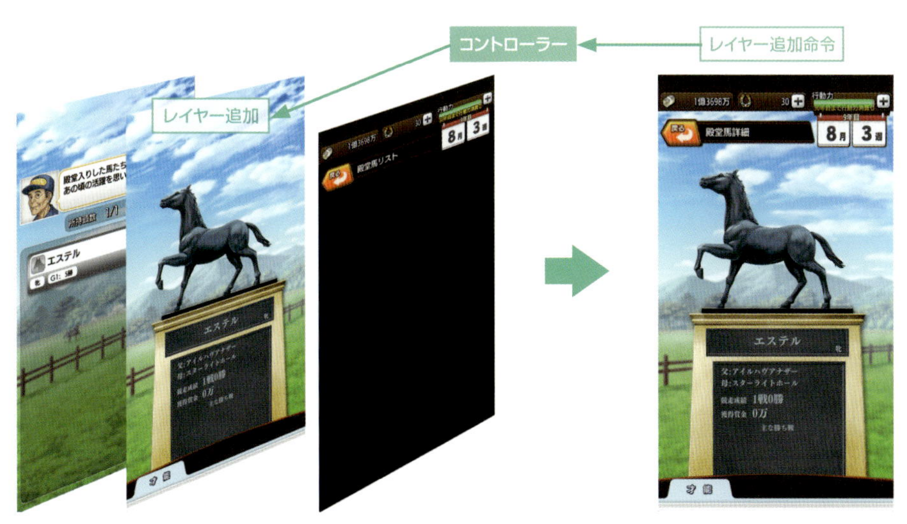

図 2-3-2 レイヤー追加による画面の切り替わり

また、ユーザーが「前画面に戻る」操作をした場合は、追加したレイヤーを削除すればよい、という仕組みになっています。

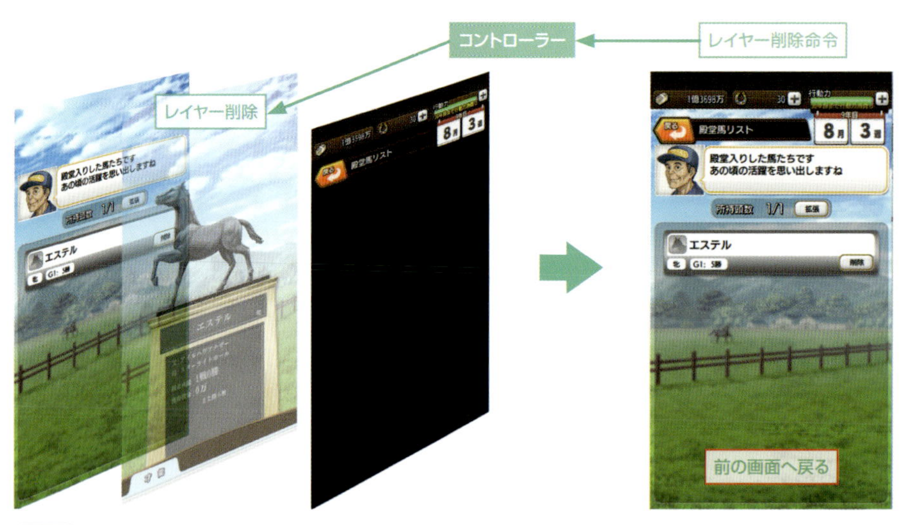

図 2-3-3 レイヤー削除による画面の切り替わり

レイヤーの追加と削除時には、1 秒に満たない登場／退場 UI アニメーションが行われることを前提としており、プレイヤーの想定外となるような誤操作を防ぐためにも、レイヤーのどれかがアニメーション中はタッチ操作が効かないようにコントローラーが制御します。

2-4 レイヤーのグルーピング

複数のレイヤーを管理しやすくするために、レイヤーの「グルーピング」を行います。レイヤーは「層」という意味ですが、1 レイヤーがレイヤー形成用の各画像パーツの層であれば、グループはさらに複数のレイヤーをまとめた上位層の位置づけになります。

あらかじめレイヤーには所属するグループを設定しておくことで、プログラムによる処理のしやすさにつながり、同時に実装者以外のメンバーにも表示位置の認識がとりやすくなります。

図 2-4-1 レイヤーのグルーピングの考え方

ダビマスの場合は、以降のようなグループがあります。画面の重なりの奥にあるグループからの順になっています。

・MainScene グループ

このグループに設定したレイヤー同士は、重ねることがないことを想定します。各画面遷移の根底に位置する画面として存在させ、同グループの違うレイヤーが追加される場合は、すでにある画面を削除するようにします。

【ダビマスの例】牧場、厩舎、レース、タイトル、など

・Scene グループ

ゲームの各種機能となるレイヤーです。MainScene から遷移できる画面であることを想定するため、MainScene やほかのグループに重なることを想定しています。

【ダビマスの例】種牡馬抽選、ブリーダーズカップ、ショップ、馬詳細、番組表、など

・Floater グループ

Sceneの手前に存在するUIのためのグループです。各画面で共通して表示するレイヤーは、このグループとして存在させています。

【ダビマスの例】ヘッダー、フッター、など

・ScreenEffect グループ

画面全体にかける演出を行うためのグループです。

【ダビマスの例】仔馬誕生演出、公式 BC 勝ち抜け演出、など

・Dialog グループ

ダイアログ表示のようなあらゆる画面で共通してシステマチックに登場することを想定したレイヤー向けのグループです。

【ダビマスの例】確認ダイアログ、エラーダイアログ、など

・System グループ

Dialog グループよりも、最前面で表示すべき一般的な機能レイヤーはこのグループです。

【ダビマスの例】通信中表示、タッチエフェクト、など

図 2-4-2 各種グループの画面例（左が奥で、右が手前）

2-5 レイヤーの重なりのルール

複数のレイヤーの重なりにおいて懸念されることが、レイヤーとして存在していたとしても画面上には表示されない場合、無駄な描画負荷がかかることになります。そのため、画面に映らないレイヤーは表示しないことが望ましいです。

また、確認用のダイアログを表示する場合は、背後のレイヤーは見えていても、ダイアログ以外の操作を許してはいけません。このようなケースを想定した上で、以下のルールを強いています。

重要ルール 各レイヤーは、背面すべてのレイヤーに対して、表示とタッチの有効・無効を決定する。

背面レイヤーの表示とタッチのオン・オフ設定

先に述べたように、レイヤー単体でも動作することを前提としており、レイヤー外部であるコントローラーにより表示とタッチ操作の制御がされるだけで、レイヤー自身の挙動には何も影響しません。つまり、前面に存在するレイヤーがどのようなレイヤーであれ自身のレイヤーには関連がないため、独立した状態は維持されます。

図を例にすると、背後が画面上に表示される余地がまったくないレイヤーである場合は、背面のレイヤーの表示を無効に設定します。また、ヘッダーのように背後は表示もタッチ操作も許容するレイヤーに対しては、背表示／背タッチを有効の設定をヘッダーレイヤーに付与します。

図 2-5-1 背面への表示とタッチ操作の制御

さまざまな画面で出現するような確認ダイアログのレイヤーでは、背後のレイヤーは表示しつつ、タッチ操作は無効にします。

図 2-5-2 ダイアログの背面表示は ON だが、タッチ操作は不可

「表示」と「タッチ操作」のそれぞれを設定するルールは、以下の優先度があります。

ルール 表示されていなければ、タッチ操作は行えない。

また図にあるように、最前面にダイアログの表示レイヤーが追加された場合は、「背表示：ON、背タッチ：OFF」の設定のため、次のヘッダーの表示レイヤーで「背タッチ：ON」なっていても、上位レイヤーの設定が優先されて、以降のレイヤーのタッチは無効となります。つまり、以下のルールが設定されています。

ルール レイヤーの設定は、上位レイヤー（画面の手前側）の設定が優先され、下位レイヤー（画面の奥側）の設定は無効になる。

このレイヤーの重なりを応用して、以降で解説する機能を効率よく実装します。

タッチエフェクト（System グループ）

プレイヤーが画面をタッチした箇所にエフェクトを表示しますが、ゲーム起動時にタッチエフェクトのレイヤーを最前面に挿入することによって、どの画面に遷移しても独立してエフェクトの表示処理を行うようにしています。

図2-5-3 最前面には「タッチレイヤー」（背表示：ON、背タッチ：ON）を設定

トースト表示（Floater グループ）

ダビマスでは、少量の情報はゲームプレイの妨げにならないようにしつつ情報をユーザーに見せるため、画面右上にトースト表示を行っています。この時も前面にレイヤーを配置し、独立して情報の表示処理を行っています。

図2-5-4 前面に「トースト表示レイヤー」（背表示：ON、背タッチ：ON）を設定

通信対応（System グループ）

ソーシャルゲームでは、いたるところで通信処理が行われるため、共通処理を通すことで実装効率が上がる箇所になります。ダビマスでは、ほかのプレイヤーとのリアルタイム性が高い通信を必要としないゲームのため、通信中は必ずタッチ操作を切っています。

そのため、通信が発生した場合は最前面に通信中レイヤーを挿入し、通信中とアニメーションしつつ、タッチも切る処理を行います。さらに、ダビマスの方針として手軽にサクサクとプレイすることをポリシーとしているため、レイヤーは通信開始時に挿入しますが、アニメーション表示は１秒後に表示するようにして、できるだけ通信していることを意識させない作りにしています。

図2-5-5 最前面には「通信中レイヤー」（背表示：ON、背タッチ：OFF）を設定

また、通信処理にはエラーがつきものです。スマートフォンはあらゆる場所でプレイができるため、通信環境が必ずしも安定しているとは限りません。そのため通信エラーが発生した際も、共通処理として実装するほうが好ましいと言えます。

図のようにダビマスでは、通信エラー時のダイアログについても各画面の前面にレイヤーを挿入することで対応しています。エラーの種類によって、ボタンを押した挙動を再通信する、タイトルに移動して同期するなど、共通処理化して実装効率を向上させています。

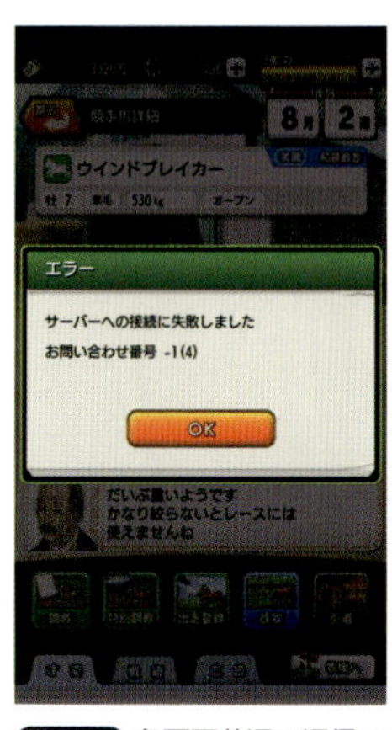

図2-5-6 各画面共通の通信エラーダイアログ

チュートリアル中の説明画面（Dialog グループ）

チュートリアルは、通常のプレイ画面にかぶせる形で表現することが多くなります。説明時はプレイヤーにボタンが押せないようにタッチ操作を切りますが、この際も前面に説明用のレイヤーを挿入することで、背後のプレイ画面は見せつつもボタンは押せなくすることができます。

図 2-5-7 前面に「チュートリアルレイヤー」（背表示：ON、背タッチ：OFF）を設定

また、チュートリアルではプレイヤーに特定のボタンだけを必ず押させることで、一意の進行にして解説する手法もあります。

下の図の画面では、「背表示：ON」「背タッチ：ON」のマスクを上から重ねており、背後のボタンはすべて反応しますが、指定したボタンしか処理を行わないように、チュートリアル用のボタン制御を行っています。

なお、この手法のほかにゲームエンジンの仕組みに応じて、下の図においてマスク自体にタッチ制御を持たせることで、タッチの透過を行わず、指定のボタンしか処理を行わないようにする方法も有効です。

図 2-5-8 チュートリアル画面のマスクの利用

3D レイヤー

ダビマスでは、馬や競馬場は 3D モデルを使用してレースなどを表現しています。3D モデルを描画する際も、レイヤーの重ね合わせの思想を崩さないようにしています。3D 描画レイヤーを検知した際は、そのレイヤーの前後でカメラを分離することで、設計思想

を崩さないように実装しています。

ゲームエンジンではよく、UIとは別に3Dモデルを表示する場合は、モデルレンダリング用にカメラを用意しなければなりません。図では、3Dモデル表示用のカメラを用意し3Dレイヤーを作成しています。その前後を挟む形で、手前のUIレイヤー群用のカメラ1、背後のUIレイヤー群用のカメラ2を用意します。

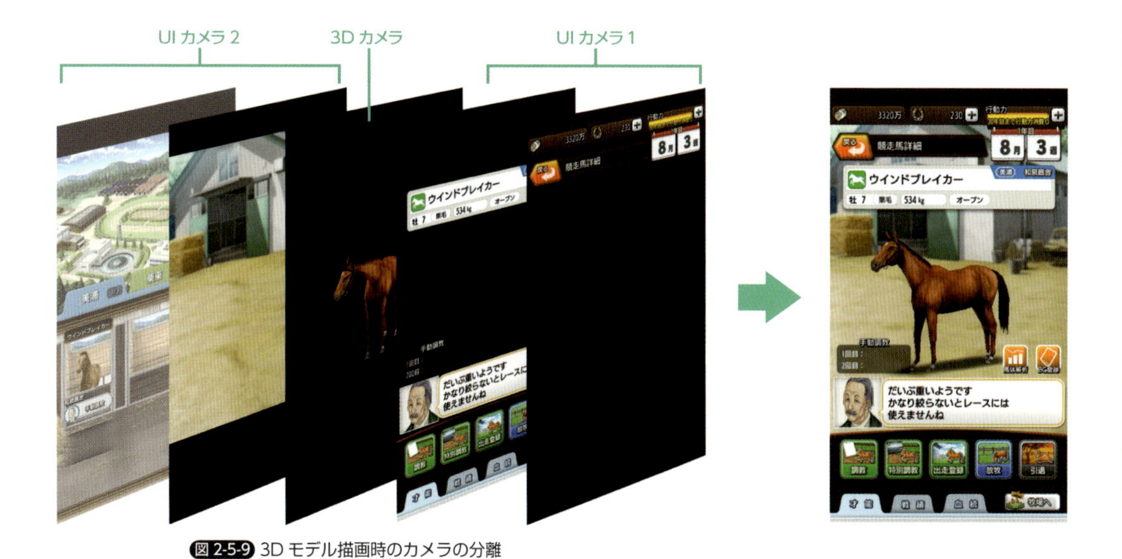

図2-5-9 3Dモデル描画時のカメラの分離

COLUMN レイヤー分割思想の成り立ち

筆者が、スマートフォンゲームの制作に関わったのは2013年頃でした。当時はUnityで開発を行っており、ソーシャルゲームの位置づけとなるゲームとしては、初めて制作に携わりました。

ソーシャルゲームはほかプレイヤーとの交流ができる反面、その延長となるデータ改ざんのチート対策の都合上、プレイヤーデータはサーバに保持する形となり、プレイヤーの行動は常に通信を伴います。そこで必ず考慮しなければいけないことは、通信エラー時のポップアップ表示対応です。

これがどの画面においても、簡単に表示と制御ができるようにならないかと苦労し行き着いた先が、「レイヤー」の思想となりました。シーンという概念があると、ポップアップはそれに含まれるものと認識してしまいますが、シーンもポップアップも同等の「レイヤー」という概念によって、表示と制御処理に対しての実装障壁の差分が生まれなくなったのではと考えています。

2-6 独立性から生まれる画面遷移の効率性

レイヤーを重ねることでゲーム画面を表現していきますが、1つ1つのレイヤーが独立しているため、容易に挿入や削除を行うことができます。

この応用例が、バックキー操作である「戻る」の挙動です。ダビマスにおいて「戻る」の挙動は、次のルールを設定することで共通処理化を図っています。

ルール Dialog、Sceneのグループのうち最前面にあるレイヤーを削除する。

これにより、各画面で「戻る」ボタンの挙動を実装するのではなく、レイヤーの処理だけで前の画面に戻る遷移を実現させています。

レイヤーを削除することで、削除したレイヤーの背表示／背タッチの設定が解かれ、背後のレイヤーが有効化します。なお、基本的に「各レイヤーは、背面すべてのレイヤーに対して、表示とタッチの有効・無効を決定する」というルールに則ってフレームワークが自動制御するため、エンジニアはレイヤーを非表示にするということを行いません。

図2-6-1 対象グループの最前面レイヤーの削除による戻る画面遷移

「戻る」の挙動の共通化により、Androidの「バックキー」とゲーム内のヘッダーで用意してある「戻る」ボタンは同じ処理になっています。

図 2-6-2 Android バックキーとゲーム内の「戻る」ボタン

レイヤーを削除することによって戻る処理を実装しているため、レイヤーの追加と戻るによる削除を組み合わせることで、複雑な画面遷移も実現させています。

ソーシャルゲームでは利便性を求めるためによく使われる機能は、さまざまな画面から遷移する仕様になることが多々あります。図では複数画面から馬房拡張画面へ遷移できる例ですが、実装の裏側はレイヤーの追加と戻るによる削除でしかありません。

図 2-6-3 複数画面からの馬房拡張画面への遷移

もちろんこのルールだけで、すべての画面における戻る処理をカバーできるとは限らないので、戻る挙動は拡張も想定します。

先述のルールを正確に書くと、このようになります。

ルール MainScene、Scene、Dialog のグループのうち最前面にあるレイヤーに対して戻る通知が来るが、通知を受けた時の処理を実装しなければ削除する。

つまり、戻る処理をレイヤーごとに書き換えることが可能です。たとえば、MainScene で実装したマイページという画面において戻る通知を受けた場合は、ゲーム終了を問うポップアップを出すなどの応用へつなげることができます。

2-7 レイヤーの処理とオンメモリキャッシュの兼ね合い

レイヤーは重なることを前提にしているため、前の画面のレイヤーが残ることで画面遷移におけるレイヤーの再構築処理を抑えています。

図では、調教サイクルを操作した時の画面遷移です。ダビマスは、日付進行をしながら調教することがゲームサイクルの1つであるため、テンポよく画面遷移をしなければならない箇所です。この画面遷移時のレイヤーの残り方は図のようになり、画面の遷移が多くてもレイヤーの構築が少ないことがわかります。

図 2-7-1 調教サイクルの残存レイヤー（赤字は初回登場レイヤー、下部表記ほど手前のレイヤー）

ただしレイヤーが重なり過ぎると、それだけさまざまな画面を残していることになり、画像によるオンメモリキャッシュの使用量が増えていきます。しかし、前画面レイヤーを削除すると戻る際にはレイヤーを再構築しなければならず、逆に処理負荷がかかります。メモリに残すことと表示までの処理速度は、トレードオフになるためゲームに応じたチューニングを行う必要があります。

そこで考え方の目安は、「MainScene」をどの画面に据えるかです。ダビマスにおいてのMainSceneは「牧場」「厩舎」「レース」が該当し、さまざまな画面遷移への道筋の始点となる画面です。これらの画面へ遷移する場合は、MainScene、Sceneに存在するすべてのレイヤーを削除して、新しいMainSceneを追加します。

ゲームエンジンで言うところのシーンの切り替えと同等の処理です。さらにこのような画面遷移においては、フェードの演出を入れ、フェードアウト中に見栄えのよさを引き出すと同時にメモリをクリアして、その際の画面崩れを隠します。

図 2-7-2 MainScene を切り替える際の処理

ゲームの仕様によりどのような画面遷移になり、どれほどメモリを使用するかは、プロジェクトの終盤に近づかなければわかりませんが、画面遷移はレイヤーの追加と削除をどう決定するかであり、また、レイヤーによって分割されている分メモリの使用量も分割されるため、チューニングはしやすくなります。

2-8 コントローラーによる中枢処理とレイヤーのイベント駆動

これまで述べたように、複数のレイヤーは独立性を保つ必要があるため、レイヤー自らほかのレイヤーに対して直接アクションを起こすことを良しとしていません。そのため、レイヤーはイベント駆動による実装を信条とし、イベントを引き起こすのはコントローラーによる役目として一括制御する方針です。

この構造により、次の効果が生まれます。

- コントローラーに処理を集約することにより、さまざまな制御が挟みやすくなる（ボタンの排他制御、など）
- 実装形式が定まるため、実装担当者ごとの実装の乱れを抑止できる
- 長期運用を見越した場合の、新規アサイン者への参入の敷居が下がる

以降で、レイヤーが受け取るイベントを詳細に解説します。

読み込み完了通知

レイヤー 1 つに対して、1 つの UI レイアウトデータを割り当てる「1 対 1」の関係性を持たせています。レイアウトデータおよびそれに紐づく画像など、見た目に関するデータが読み込まれた後に通知します。この通知が、プレイヤー情報を見た目に反映する処理のトリガーになります。

レイアウトデータの読み込み処理をコントローラーによって制御することで、読み込み処理の変更対応を容易に行うことができます。ソーシャルゲームでは、大まかに次の 2 つのグループの組み合わせがありますが、コントローラーだけの変更にとどまるため、レイヤー自体には何も影響を受けません。

- 事前にすべてのリソースを、ローカルストレージへダウンロードしておく
- 必要なときにストレージにない場合は、都度リソースデータをダウンロードする

- ローカルストレージから、メモリへ非同期で読み込む
- ローカルストレージから、メモリへ同期で読み込む

クリック、タッチ通知

レイヤー上に存在するボタンをプレイヤーが押した場合、そのレイヤーへ直接通知を送るのではなく、コントローラーを経由させます。これにより複数のレイヤーで異なるボタンが同時に押せることになっても、排他制御することができます。

この排他制御によってフィルタリングされたクリック、タッチ通知がレイヤーに届くので、届いた通知に対して処理を実装するだけで済みます。

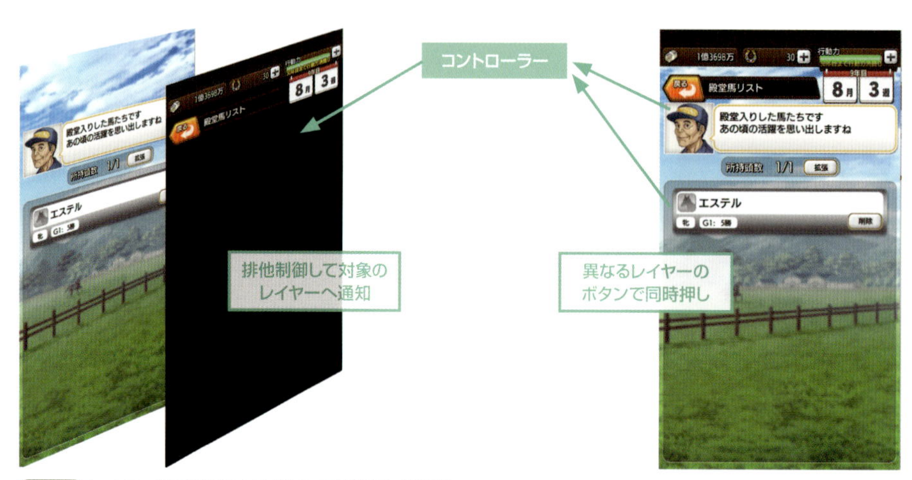

図2-8-1 レイヤーの重なりによるボタンの同時押しの処理

「戻る」通知

「戻る」処理では、「MainScene、Scene、Dialogのグループのうち最前面にあるレイヤーに対して戻る通知が来るが、通知を受けた時の処理を実装しなければ削除する」というルールから、削除対象のレイヤーに通知が届きます。

このとき削除されるか、または別の処理を行うかは、そのレイヤー自身に決定権があります。

再表示、再タッチ可能通知

レイヤーの重なりでは、「各レイヤーは背面すべてのレイヤーに対して、表示とタッチの有効・無効を決定する」というルールから、レイヤー自身は表示やタッチの状態を知ることはありません。

そのため、再度表示や操作が有効になった場合のイベント通知を受け、再度自身が画面に出るきっかけを知り、必要に応じて情報更新などの処理を挟みます。

図 2-8-2 前面のレイヤーが消えたことによる再表示、再タッチ可能通知

他レイヤーからのイベント発信

レイヤーからほかのレイヤーへイベントを発信できる仕組みも存在します。レイヤーが重なっている状態で、現在画面に表示されていないレイヤーへの情報更新を促す処理などに有効です。

図は、前面にあるレイヤーが背後の牧場に対して、馬の情報更新を促す例です。

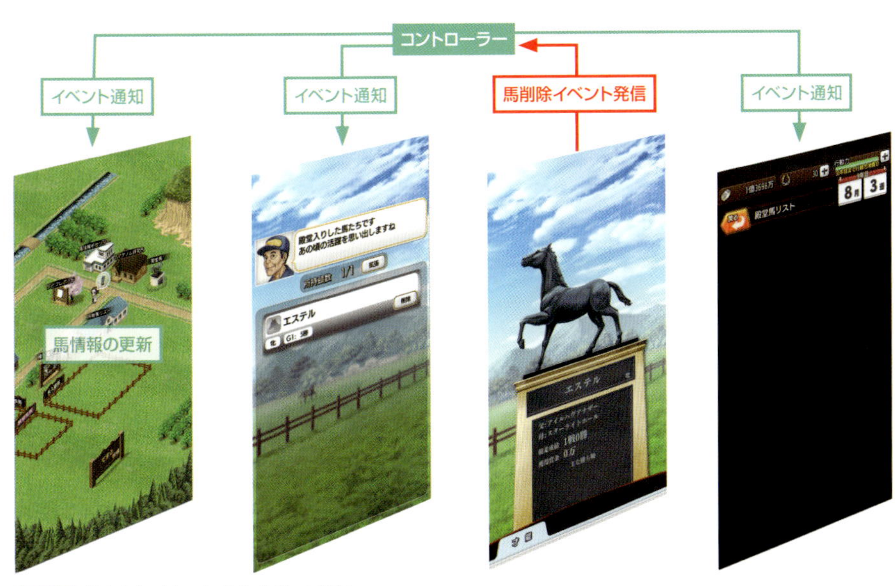

図 2-8-3 ほかのレイヤーからのイベント発信

これによりレイヤー間で関係を持つことになりますが、通知を受けたレイヤーが処理をするかどうかの決定権を持つため、ほかのレイヤーから強制的に処理されないことによって独立性を維持しています。

前面、背面レイヤーの変更通知

ダビマスを例に挙げると、ヘッダーに各画面のタイトルを表示する機能があり、背後のレイヤーに応じたタイトル名変更処理が求められます。そのため背後、および前面のレイヤーが切り替わるタイミングで通知を受けます。

さらにこれを応用した機能として、ヘッダーだけで完結したヘルプ表示があります。ヘルプで表示する項目は画面によって異なりますが、ヘッダーの背後にあるレイヤーを知ることで表示するデータをピックアップでき、画面に応じたヘルプを表示します。

図では、厩舎のレイヤーである「UIStable」に該当するヘルプデータを表から取得し、ヘルプダイアログの項目データを構築して一覧表示します。

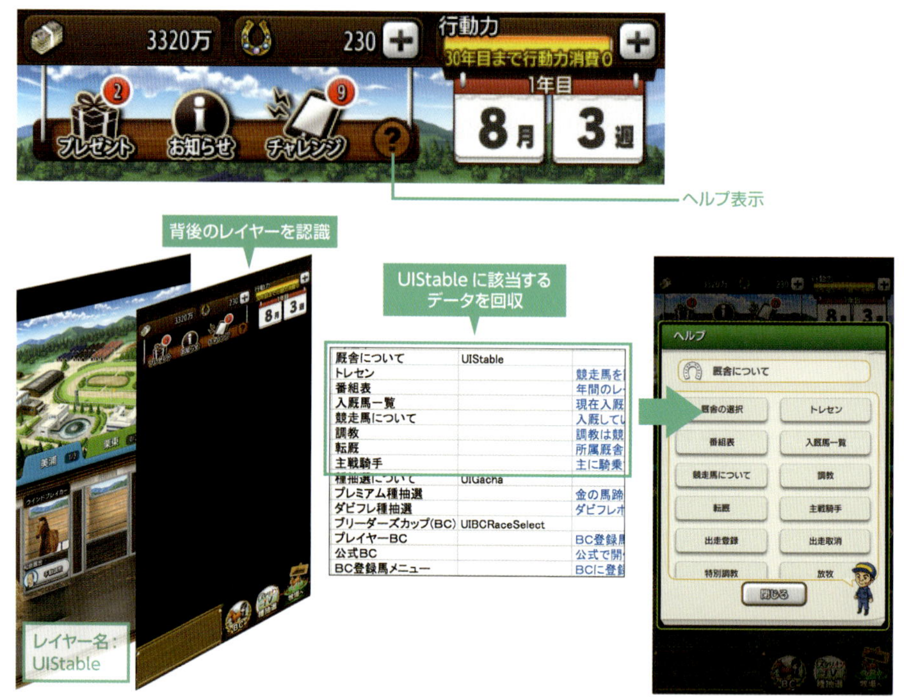

図 2-8-4 データの取得によるヘルプ表示機能

ライフサイクルによるイベント通知

レイヤーが作成されてからレイヤーの削除までの過程でもイベントは通知されます。先に述べた「読み込み完了通知」から始まり、登場アニメーションが終了した際に通知する「登場通知」、レイヤーが存在している間の「定期更新通知」、レイヤーが削除されるタイミングの「削除通知」と、その際に必ず呼び出されるイベントも存在します。

2-9 コントローラーによるサウンド制御

ダビマスでは、ゲーム内のサウンドとして大まかに「BGM」と「SE」の２種類が存在し、画面に応じた BGM や押したボタンに対して SE を鳴らすのは、コントローラーによる制御を起点にして実現しています。

再生 BGM の決定

レイヤー自体に再生する BGM の設定枠を用意した上で、次のようなルールを用意しています。

ルール　BGM 設定されたレイヤーにおいて、最前面の BGM を再生する。

このルールでは、画面上に表示されているかどうかは関係ありません。画面が進行し前面にレイヤーが追加されても BGM 自体は変わらないため、そのゲームの雰囲気を表す起点となるレイヤーに BGM 設定をしておきます。

図 2-9-1 レイヤーの設定により再生 BGM の決定

ただし、同じレイヤーでも違う BGM を再生したいことは多々あるため、コントローラーとは別にサウンド制御の仕組みを用意しておくことが好ましいと言えます。このときはレイヤーに BGM を設定するのではなく、レイヤー内の処理として BGM を再生するのがよいでしょう。

ボタン押下のデフォルト SE 再生

UI はボタンの数が多くなるため、1 つ 1 つ再生 SE を設定するのは作業の手間と同時に設定漏れにつながります。先に述べたようにボタンの排他制御の仕組み上、コントローラーにボタン押下の通知を集約するため、押したボタンが有効である場合は、コントローラー上からデフォルトの SE を鳴らします。

この場合でも、ボタンによっては違う SE を鳴らしたい場合があるため、変更できる余地は必要になります。

CHAPTER 3

Unityにおける開発環境

ダビマスはプログラムの開発に「Cocos2d-x」を用い、デザイナーが使用するUIレイアウトのオーサリングツールとして「Cocos Studio」を使用して開発しました。しかし、現在Cocos Studioは公式によるサポートが終了していること、現在のUnityの普及状況を考慮した上で、本書では「Unity／C#」へ移植したUIフレームワークとして紹介します。

ダビマスの開発で使用しているコードではありませんが、Unityを用いた上でも同様の設計思想で「UIフレームワーク」を制作しています。

この章では、前章で解説した設計思想のもと、Unity向けに制作した「DMUIFramework」の導入とフォルダ構成について解説します。なお「DMUIFramework」は、uGUIを用いた実装のためUnityの標準機能のみで構成されています。

また、以降のエンジニアパートを読むにあたっては、Unity／C#でのゲーム制作経験があり基本機能を把握していること、Unityのコンポーネントによるゲーム開発の思想が理解できていることを前提としています。これらの知識については、ほかの書籍やWebなどの情報も合わせて参照してください。

この章で学べること

- 「DMUIFramework」を使うためのUnityの設定とフレームワークのインポートの仕方などを理解する
- 「DMUIFramework」に含まれるフォルダの概要を把握しておく

3-1 開発環境の設定

開発環境としては「Unity／C#」を用いており、本書の解説用に制作した「DMUI Framework」は、GitHubで公開しています。ここでは、開発にあたっての環境の設定について簡単に紹介しておきます。

Unityのインストール

執筆時の最新版である、以下のバージョンで動作検証済みです。それぞれのバージョンは、UnityのWebページよりダウンロードしてインストールすることが可能です。

「DMUIFramework」の検証済みの Unity の各バージョン

- Unity5.6.6
- Unity2017.4.3
- Unity2018.1.2

最新版インストール方法の Web ページ

https://docs.unity3d.com/ja/2018.1/Manual/InstallingUnity.html

Unity のダウンロードページ

https://unity3d.com/jp/get-unity/download

図3-1-1 Unity のダウンロードページの画面

GitHub から「DMUIFramework」の取得

以下の GitHub のサイトから、git clone、もしくは zip ファイルをダウンロードし、解凍してください。

「DMUIFramework」のダウンロードページ

https://github.com/tnishimu/DMUIFramework

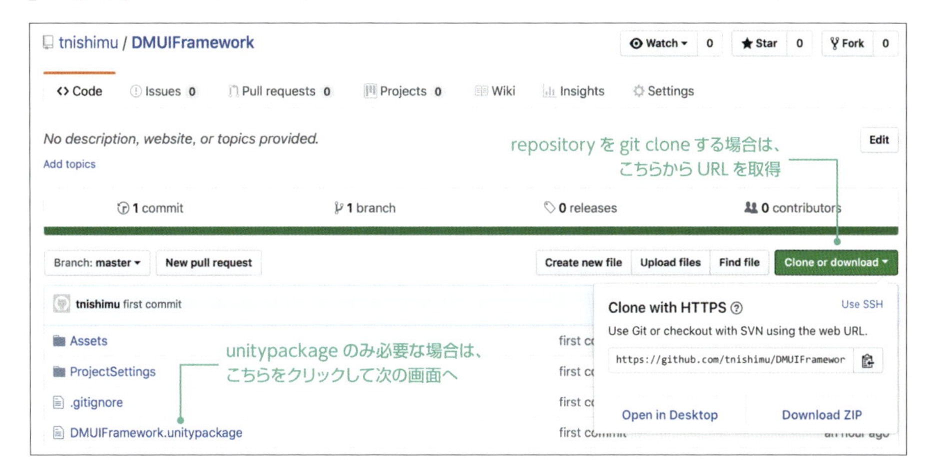

図3-1-2「DMUIFramework」のダウンロードページの画面

「DMUIFramework」のインポート

先ほど取得したフォルダの直下に「DMUIFramework.unitypackage」ファイルが存在します。このファイルを、Unity プロジェクトへインポートします。フォルダ構成などのパッケージの内容に関しては、次の節で解説します。

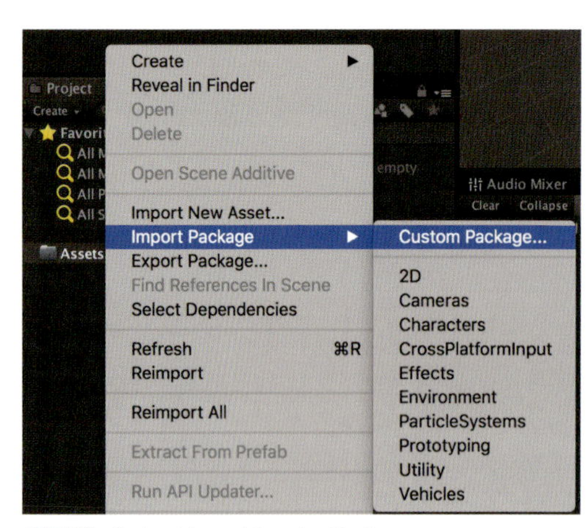

図3-1-3 パッケージファイルのインポート

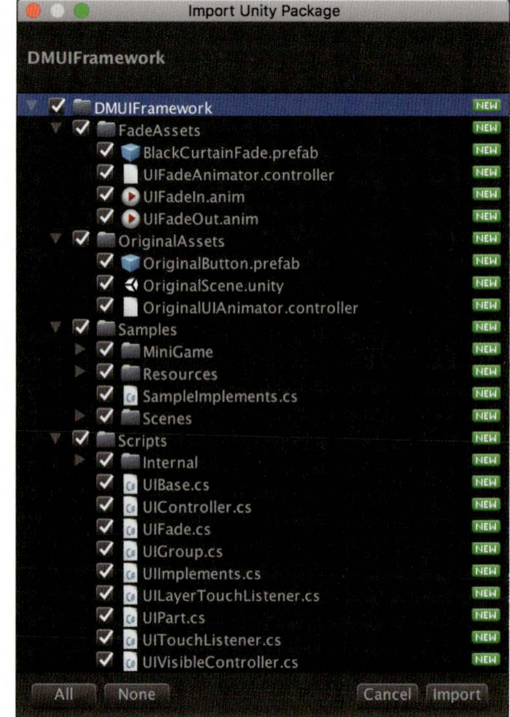

図3-1-4 パッケージファイルの内容

3-2 DMUIFramework のフォルダ構成

DMUIFramework フォルダ直下の構成について、簡単に解説しておきます。

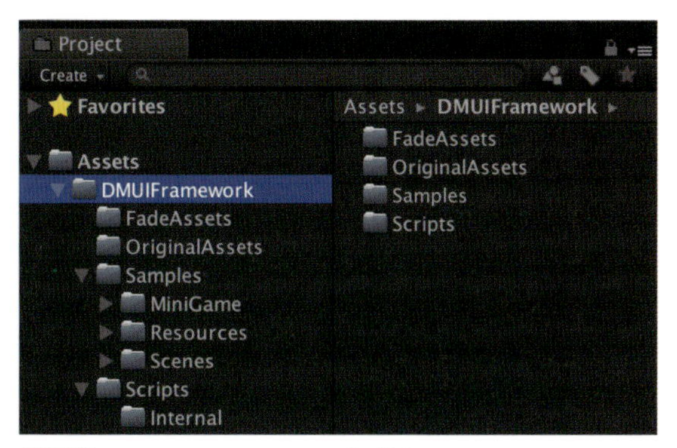

図 3-2-1 DMUIFramework フォルダの構成

・FadeAssets フォルダ

標準機能として用意してある画面切り替え時の黒画面による「フェードイン／フェードアウト」に必要なアセットが含まれています。

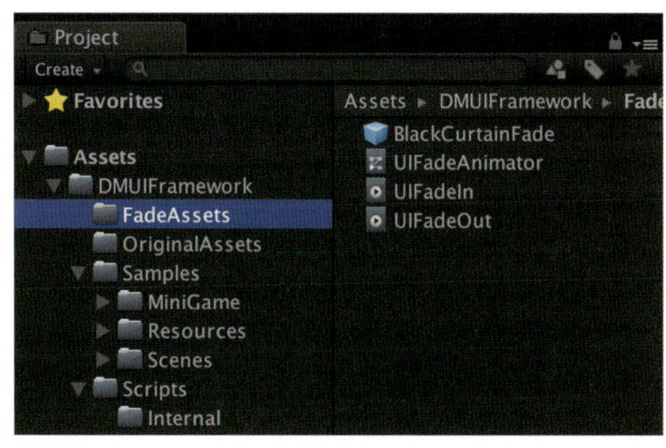

図 3-2-2 FadeAssets フォルダの構成

・OriginalAssets フォルダ

DMUIFramework を利用した際の事前に設定済みのボタン、シーン、アニメーターを用意しています。これらを複製して利用してください。

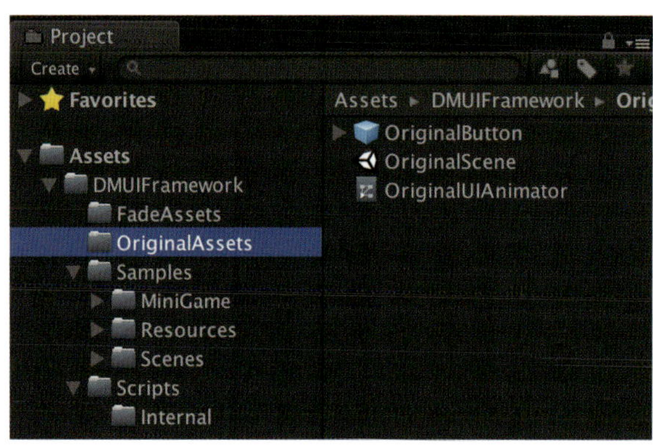

図 3-2-3 OriginalAssets フォルダの構成

表 3-2-1 OriginalAssets フォルダのコンポーネント

コンポーネント	内容
OriginalButton.prefab	DMUIFrameworkとして配置するボタン。ツールバーの「GameObject→UI/Button」から生成されるゲームオブジェクトにUITouchListenerコンポーネントをアタッチしたもの
OriginalScene.unity	DMUIFrameworkとして必要な構成を組み込んだシーンファイル
OriginalUIAnimator.controller	UIの登場／退場アニメーションを管理するAnimatorファイル

・Samples フォルダ

DMUIFramework のサンプル集です。サンプル集には、次の3フォルダと1つのcsファイルが含まれています。なお「MiniGame」の詳細は、5章「DMUIFramework を用いたサンプルゲーム制作」で解説しています。

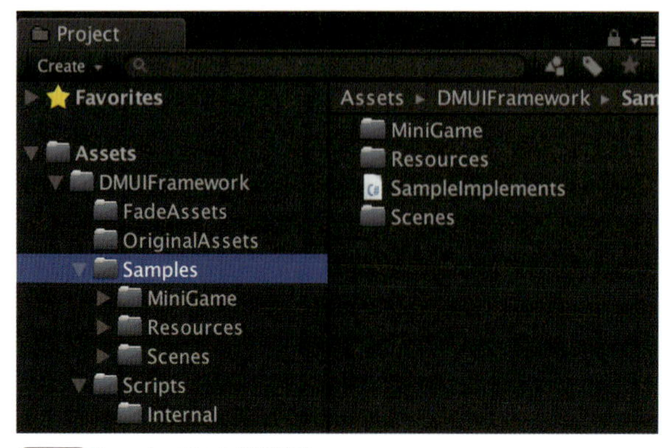

図 3-2-4 Samples フォルダの構成

表3-2-2 Samples フォルダのコンポーネント

コンポーネント	内容
MiniGame	ミニゲームのサンプルに必要なcsファイル、シーンファイル(5章で解説)
Scenes	20種類のサンプルをフォルダごとに分けて収録。1サンプルにつき、csファイル、シーンファイルが1つずつ含まれる。サンプルの挙動は、csファイルを参照
Resources	ミニゲーム、サンプルともに使用するPrefabやアニメーションなどのリソースファイル。なお、ミニゲームで使用しているリソースファイルはMiniGameフォルダに収録
SampleImplements.cs	ミニゲーム、サンプルともに使用するDMUIFrameworkの初期設定に必要な処理が含まれるソースファイル

・Scripts フォルダ

DMUIFramework のソースコードです。利用者がコーディングする際に触れる機会があるファイルは直下に配置しており、継承元のクラスが実装されたコードや enum 値の追加など、必要に応じて直接書き換えるファイルが存在しています。利用者が触れる機会のないコードは、Internal フォルダ内に含めています。

各クラスの構成やソースコードの詳細は、6 章「UI フレームワークの作成手法」で詳しく解説していますので、そちらを参照してください。

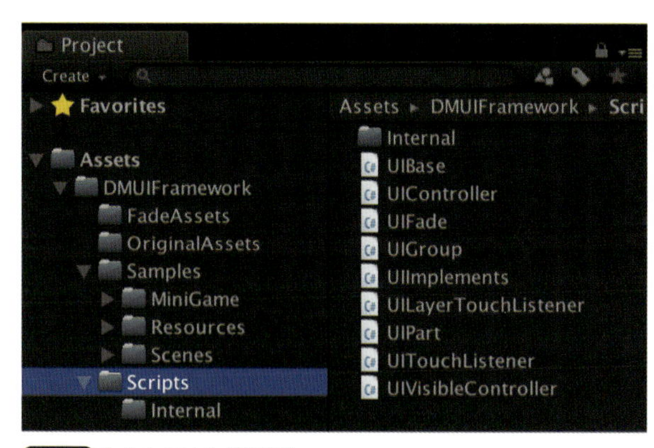

図3-2-5 Scripts フォルダの構成

エンジニア　CHAPTER 4

DMUIFramework による UI の実装

この章では、インポートした DMUIFramework を用いて Unity での具体的な実装手法を解説します。また合わせて、ダビマスでどのような箇所で用いているかを交えつつ説明します。

DMUIFramework では、Unity 上でエンジニアとデザイナーの役割を分離し、共同で作業ができるように配慮した構成になっているので、その考え方や役割分担についても紹介します。プロジェクトによって作業分担にはいろいろな考え方があると思いますが、一例として参考にしてもらえればと思います。

また、UI の実装は一連の形式に当てはめて進めていくようになっており、バグが内包される可能性を少なくし、拡張性も持たせることにも配慮しています。

この章で学べること

- DMUIFramework を使う上でのエンジニアとデザイナーの役割分担を理解する
- UI 実装の肝になる「レイヤー操作」について、グループやパラメータなどの詳細も理解する
- ゲームによってレイヤー機能を拡張したい際に使用する各種メソッドを把握する
- レイヤーアニメーションや UI 部品、3D レイヤーの取り扱いについて把握する

4-1 UI の実装思想

ここでは、DMUIFramework を用いてどのような工程で機能を実装していくかの流れや、根底にある思想面を解説していきます。

レイヤーとコントローラー

2 章「UI フレームワークの設計思想」で解説したレイヤーとコントローラーは、UIBase.cs/UIBase クラス、UIController.cs/UIController クラスが該当します。UIBase は継承することを前提としており、継承して実装したレイヤークラスから生成したインスタンスが 1 つのレイヤーです。

1 シーン制と UI のレイヤー分割

DMUIFramework の実装においては「1 シーン」による実装思想であるため、ゲーム中に使用する .unity ファイルは 1 つのみです（ツールやデザイン制作環境など、ゲーム外で作成する .unity ファイルは必要に応じて作成してください）。

パッケージファイル内の OriginalScene.unity ファイルが該当し、このシーンの Canvas ゲームオブジェクトに UIController クラスがすでにコンポーネントとしてアタッチされており、シングルトン（Singleton）として振る舞います。

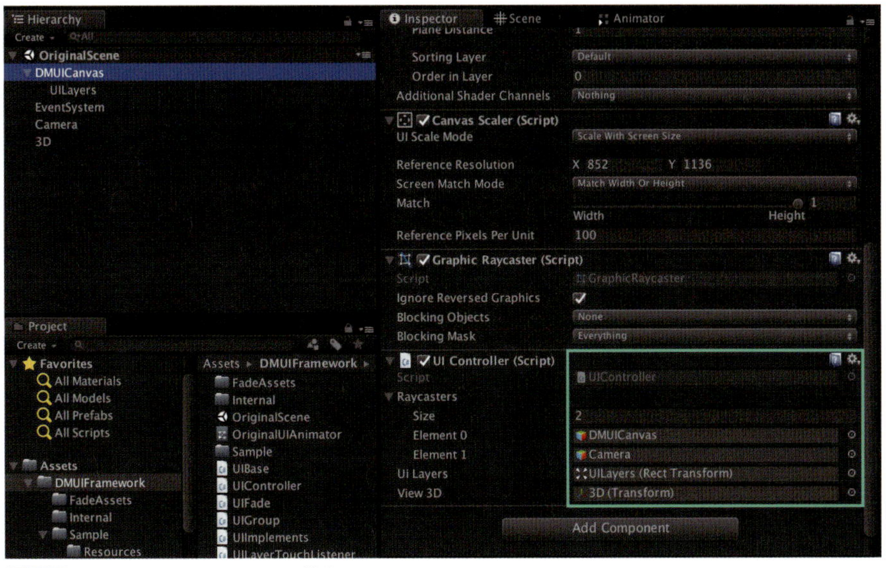

図 4-1-1 OriginalScene.unity のシーン構造

レイヤー分割の思想上、シーンに対して新しく静的にゲームオブジェクトを追加することは想定していません（ほかのアセットを使用する都合上、ゲームオブジェクトを追加することは問題ありません）。エントリーポイントしてのコンポーネントを 1 つアタッチするだけで十分です（5 章「5-3 ソースコードの実装（エンジニアパート）」の「エントリーポイント（MiniGame.cs）」の項目を参照）。

このシーンにゲームオブジェクトを静的に追加しないことは、ゲーム制作中に起こりがちなコンフリクト問題の対策に有効です。DMUIFramework による実装は、エンジニア以外の職種の人も Unity データの編集を積極的に行うことを推奨するため、レイヤー分割の思想によってできるだけ Prefab を分割し、コンフリクトの可能性を下げています。

シーンの実装にあたっては、OriginalScene.unity ファイルをコピーして使用してください。以降で、ゲームオブジェクトの階層を解説しておきます。

DMUICanvas

uGUI の Canvas コンポーネントが含まれています。同じく UIController のコンポーネントも配置しています。エントリーポイントとなるコンポーネントも、こちらにアタッチして問題ありません。

DMUICanvas/UILayers

ゲーム起動中、UIBase によって生成されたレイヤーのゲームオブジェクトが配置されます。

EventSystem

タッチ判定用の EventSystem ゲームオブジェクトです。

Camera

Canvas が参照するカメラ、および 3D オブジェクトレンダリング用のカメラです。3D ゲームオブジェクト用の PhysicsRaycaster をアタッチしています。

3D

3D 用のレイヤーが生成された際の 3D ゲームオブジェクトが配置されます。Unity のレイヤー設定として 3D を定義しています。

図 4-1-2 3D レイヤー設定

レイヤーレイアウトとしての Prefab 作成

以下は、サンプル集にあるレイヤーインスタンスを生成するクラスで、UIBase クラスを継承して作成した Sample01Scene クラスのソースコードの一部です。

リスト4-1-1 Sample01.cs

```
class Sample01Scene : UIBase {
 //「UISceneA」Prefab を使用するレイヤークラス
    public Sample01Scene() : base("UISceneA", UIGroup.Scene) {
}
```

基底クラスのコンストラクタへ渡すパラメータとして「UISceneA」という文字列を渡していますが、これがレイヤーとして使用する Prefab 名を指しています。

1 つの Prefab がレイアウトデータとしての役割を持っており、Sample01Scene から生成されるインスタンスは、UISceneA のレイアウトのレイヤーとなります。

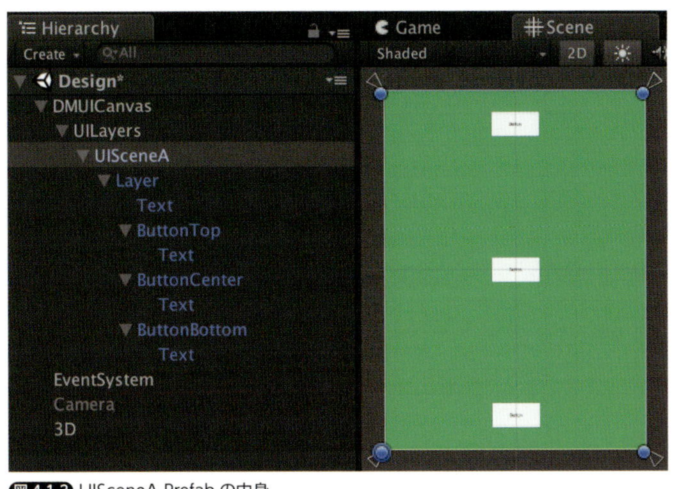

図4-1-3 UISceneA Prefab の中身

このようにレイヤーを生成するためにはPrefabによるレイアウトデータが必要であり、デザインとプログラムの癒着を減らす目的でこのような構造になっています。**このため、UI/UXデザイナーがUnityを使用してPrefabを作成することを推奨します。**

レイアウトデータとレイヤーの紐づけ管理

前項のようにレイヤーインスタンスを生成する際にPrefabの指定個所があるため、ソースコード上に紐づけができ、Prefab名からソースコードを全検索して使用個所が把握できます。

また、レイヤーインスタンスを生成するクラスからコンストラクタのPrefab名を見ることにより、どのPrefabを使用しているクラスなのかがわかります。このように「クラス→Prefab」、「Prefab→クラス」と相互に紐づく状況が生まれるので管理がしやすくなります。

レイヤー実装とコンポーネント実装の考え方

Unityは、コンポーネント指向のフレームワークであるため、Prefab内のゲームオブジェクトがコンポーネントインスタンスを所有する構造ですが、DMUIFrameworkはUIBaseのインスタンスがPrefabを包括する関係であるため、所有関係が真逆の思想となります。

このメリットを以降で解説します。

デザイナーがデザインのみの作業に専念できる

UI/UXデザイナーがPrefabを作成することを推奨しているため、エンジニア以外の人がUnityを使用する機会が生まれます。このときにデザイナーがUnityを使用する敷居が上がる原因の1つに、本来のデザイン作業以外に覚えることが増えることがあります。たとえば、制作中のゲーム特有のルール（このコンポーネントは削除してはならないなど）を把握する必要があることです。

さらに、Prefabに更新頻度の高いロジックが入ってあるとエンジニアがPrefabを触る機会も多く、それだけコンフリクトが発生する可能性が上がります。Prefabのデザイン作成においては、デザイナーファーストで動けるような環境にしておくことが望ましいと言えます。

レイアウトデータとレイヤーは 1 対多

レイアウトデータは 1 種類ですが、制作するレイヤーは複数種類（画面に応じたダイアログによる確認画面の実装など）となる場合があります。このときコンポーネントとしてロジックを実装してあった場合、同じレイアウトの Prefab を複製することになり、デザイン変更に対して柔軟に対応しにくくなります。

このため、DMUIFramework では制作するゲームロジックのソースコードをコンポーネントとして闇雲に増やすことは避ける方針です。コンポーネントとして作成する 1 つの目安として「制作中のゲーム以外でも流用できるコンポーネントである」という判断基準をおきます。これに当てはまらないソースコードは、レイヤーの機能として実装していきます。

COLUMN ダビマスにおける Cocos2d-x の採用

ダビマスはゲームエンジンとして「Cocos2d-x」を採用したタイトルですが、開発当初は「Unity」による開発も検討していました。判断基準の 1 つとして、レース表現を 3D を用いて行うかどうかがありました。

ダビマスの 1 つ前のダービースタリオンタイトルであるニンテンドー 3DS 向けソフト「ダービースタリオン GOLD」では、レースシーンは 3D で表現されたゲームであり、近年のスマートフォンのスペックでは同等以上の表現を求められることを前提とした上で、ダビマスにおいても 3D によるゲーム表現を採用しました。

Cocos2d-x は、名前のとおりもともと 2D ゲーム制作用のゲームエンジンではありますが、バージョン 3 からは 3D を扱えるゲームエンジンとなりました。しかし、スマホゲームにおける 3D ゲームの実績は Unity のほうが高く、エンジンの性能としても 3D の表現については Unity のほうが優位です。

しかし、ダビマスでは「Cocos2d-x」を採用しています。主な理由は、ダビマスのプロジェクトが会社の戦略上、開発の早さ、品質を求められていたこともあり、社内における実績が高いのは Cocos2d-x でした。また、ダービースタリオンはリアリティを求めたゲームであり、ファンタジーゲームなどで用いられる派手な動きやエフェクトなどのハイクォリティな 3D 表現がないということもあり、Cocos2d-x を採用しています。

4-2 レイアウトデータの作成

レイヤーのレイアウトを担う Prefab の作成について解説します。uGUI を使用していますが、UI ゲームオブジェクトによる配置については解説していないので、Unity の公式ページの仕様などを参照してください。

レイアウトデータの作成の流れ

DMUIFramework では、ゲーム実行中のレイアウトデータの Prefab を Instantiate() して動的に配置した際は、次の図のように UILayers に配置されます。この構造をもとにレイアウトデータを編集する場合は、UILayers ゲームオブジェクトの配下になるようにドラッグ & ドロップします。

図 4-2-1 レイアウトデータの編集

Canvas 内の配置となるため、uGUI の仕様そのままでレイアウトデータの Prefab を作成、編集することができます。編集後はシーンファイルに保存しませんので、Inspector 上の Apply を押して保存してください。

ゲームで使用するシーンファイルで編集するとゲームへの影響が懸念されるので、ゲームで使用するシーンとは別にレイアウト編集用のシーンファイルを作っておくことをお勧めします。

ボタンの配置

DMUIFramework で使用するコンポーネントは、「UITouchListener」のみです（UIController は Singleton の振る舞いであり、すでにシーンに配置してあるため対象外）。

このコンポーネントは排他処理に使用するため、タッチ判定があるゲームオブジェクトに対してアタッチする必要があります。ボタン配置の際は DMUIFramework のパッケージに OriginalButton.prefab を用意していますので、こちらから複製して使用してください。

また、ボタンに限らず Image など RaycastTarget の対象であり、タッチ判定を取るゲームオブジェクトには UITouchListener をアタッチしてください。

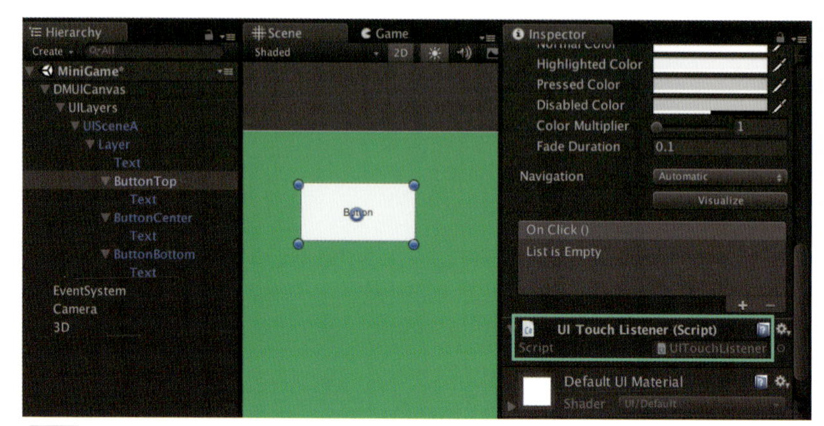

図 4-2-2 タッチ判定を行うオブジェクトには「UI Touch Listener」をアタッチ

UILayers の初期設定

UILayers の RectTransform では、マルチ解像度の対応として次の図のように設定しています。ダビマスのマルチ解像度対応を初期設定とし、デザインレゾリューションは 852 × 1136、NO BORDER による縦方向をフィットさせアスペクト比を維持した画面になります。

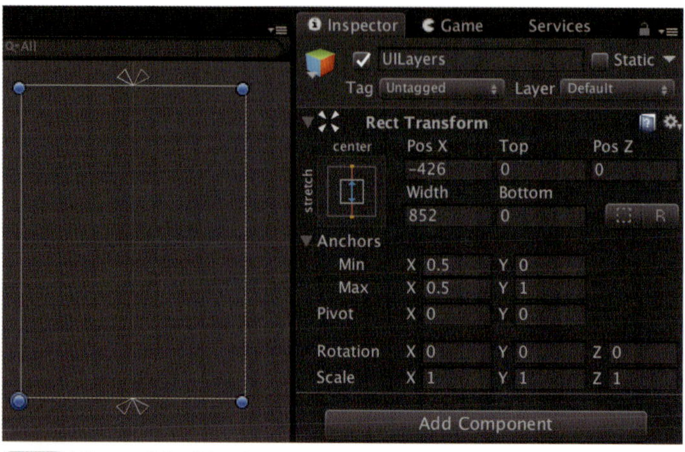

図 4-2-3 UILayers の RectTransform

4-3 DMUIFramework への外部機能の組み込み

DMUIFramework は Unity の標準機能のみで実装したフレームワークであるため、制作するゲーム特有の処理になる箇所は UIController に対して事前に外部機能を組み込む必要があります。

その外部機能の追加例を、次に示します（Sample01.cs の一部）。

リスト4-3-1 Sample01.cs

```
public class Sample01 : MonoBehaviour {
    void Start () {
        // 外部機能組み込みメソッド
        UIController.instance.Implement(new PrefaLoader(), new Sounder(), new
FadeCreator());
```

Sample01 クラスはエントリーポイントとなるコンポーネントで、Start() メソッドによりシーン開始時に実行されますが、UI の処理において真っ先に行うことが Implement() メソッドの呼び出しです。ここでは「Prefab の読み込み」「音再生」「フェードレイヤーの生成」を行うインスタンスを組み込む必要があります。

Prefab の読み込み

読み込み形式はゲームによる差分があるため（2 章「2-8 コントローラーによる中枢処理とレイヤーのイベント駆動」の「読み込み完了通知」を参照）、ゲームに合わせた機能実装が必要です。サンプルでは、Prefab の読み込みを行うクラスを次のように実装しています。

リスト4-3-2 SampleImplements.cs

```
public class PrefabLoader : IPrefabLoader {
    public IEnumerator Load(string path, PrefabReceiver receiver) {
        ResourceRequest req = Resources.LoadAsync(path);
        yield return req;

        receiver.prefab = req.asset;
    }

    public void Release(string path, UnityEngine.Object prefab) {

    }
}
```

PrefabLoader クラスは IPrefabLoader インターフェースを実装しており、ここでは Load() メソッドと Release() メソッドの実装を指定しています。

IEnumerator Load(string path, PrefabReceiver receiver) メソッド
path：UIBase のコンストラクタで指定する、レイアウトデータとなる Prefab のパス
receiver：読み込んだ Prefab の Object を receiver.prefab へ代入することで DMUI Framework へ渡す

Load() は、レイアウトデータの読み込み処理を実装します。

void Release(string path, UnityEngine.Object prefab) メソッド
path：削除されたレイヤーのレイアウトデータの Prefab のパス
receiver：Load() で読み込んだ Prefab の UnityEngine.Object

Realease() は、レイヤーが削除されるタイミングで呼び出されるメソッドです。DMUI Framework ではレイヤーの重なりによってメモリにリソースを残す方針ですが、これとは別にメモリの管理を行いたい場合に、引数のパラメータに応じて処理を実装することができます。

別途管理しない場合は、DMUIFramework で定期的に Resources.UnloadUnused Assets() を呼び出すため、処理を実装する必要はありません。

音再生

CRI・ミドルウェア社のサウンドミドルウェアを使った音再生など、Unity の標準機能による音再生とは限らないため、音の再生処理も外部機能として実装します。サンプルでは、下記のように視覚的にわかりやすくするため、ログ表示にしています。

リスト4-3-3 SampleImplements.cs
```
public class Sounder : ISounder {
    public void PlayDefaultClickSE() {
        Debug.Log("Sounder: DefaltClickSE");
    }
    public void PlayClickSE(string name) {
        Debug.Log("Sounder: ClickSE[" + name + "]");
    }
    public void PlayBGM(string name) {
        Debug.Log("Sounder: PlayBGM[" + name + "]");
    }
    public void StopBGM() {
        Debug.Log("Sounder: StopBGM");
    }
}
```

ISounder インターフェースでは、4 つのメソッドの実装を指定しています。

void PlayDefaultClickSE() メソッド

ボタンをクリックした際のデフォルト SE の再生処理を実装します。

void PlayClickSE(string name) メソッド
name：再生指定の SE 名

ボタンをクリックした際の指定された SE の再生処理を実装します。

void PlayBGM(string name) メソッド
name：再生指定の SE 名

レイヤーに設定された BGM の再生処理を実装します。BGM の再生は「存在する BGM 設定されたレイヤーにおいて最前面の BGM を再生する」というルールのもと（2 章「2-9 コントローラーによるサウンド制御」の「再生 BGM の決定」を参照）呼び出されるメソッドです。

現在再生中かどうかの判定は、DMUIFramework では行わないようにしているため、再生中の BGM と同じ BGM 名が name 引数に指定され、呼び出されることがあります。そこで、「再生中の BGM の場合は無視する」という処理を実装してください。

void StopBGM() メソッド

BGM の停止処理を実装します。BGM 設定がされたレイヤーが存在しなくなった時に呼び出されます。

フェードレイヤーの生成

DMUIFramework ではメモリの削除も行うため（2 章「2-7 レイヤーの重なりとオンメモリキャッシュとの向き合い方」を参照）、特定のタイミングで画面遷移時のフェードの処理を自動的に挟みます。

フェードはゲームに合わせた見た目のアニメーションを行う箇所ですが、DMUIFramework では標準フェードとして黒画面によるフェードを FadeAssets フォルダに用意しています。サンプルでは、この黒画面のフェードレイヤーを生成する処理を実装しています。

リスト4-3-4 SampleImplements.cs

```
public class FadeCreator : IFadeCreator {
    public UIFade Create() {
        return new UIFade("BlackCurtainFade");
    }
}
```

UIFade Create() メソッド

フェード用のレイヤーの生成を実装します。フェードにおいては、登場時と退場時のアニメーションを実装するようにしてください。

4-4 レイヤーの操作

前節のレイアウトデータをもとに、ゲームの画面へレイヤーとして登場させる手順や追加したレイヤーの削除などのレイヤーの操作について、具体的なソースコードを示しながら解説します。

UIBase コンストラクタのパラメータ

レイヤーのインスタンスは、UIBase を継承したレイヤークラスから生成します。レイヤーを生成する基準となる 4 つのパラメータは、以下になります。

リスト4-4-1 UIBase.cs

```
public UIBase(string prefabPath, UIGroup group, UIPreset preset = UIPreset.None,
string bgm = "")
```

prefabPath パラメータ

レイヤーに使用する Prefab のパス名です。レイアウトデータを使用しない場合は、空文字で設定します。「4-3 DMUIFramework への外部機能組み込み」の「Prefab の読み込み」で解説した IPrefabLoader.Load() に渡される文字列に該当します。

group パラメータ

UI が所属するグループ(2 章「2-4 レイヤーのグルーピング」を参照)を決定します。別途、UIGroup の enum が定義されています。

preset パラメータ

背面のレイヤーは表示する（2 章「2-5 レイヤーの重なりのルール」を参照）など、生成するレイヤー自体の機能を設定します。

bgm パラメータ

このレイヤーが存在している際に再生される BGM 名を設定します（2 章「2-9 コントローラーによるサウンド制御」の「再生 BGM の決定」を参照）。

UIGroup の設定

レイヤーは必ずグループに所属することになりますが、初期の設定として、次のように enum 定義しています。

リスト4-4-2 UIGroup.cs

```
public enum UIGroup {
    None = 0,
    View3D,
    MainScene,
```

```
    Scene,
    Floater,
    Dialog,
    Debug,
    SystemFade,
    System,
}
```

値が大きいほど手前に表示されます（enum定義の最後の「System」が一番手前）。また、Unity用にView3Dという3Dグラフィック用のレイヤーグループを最背面に設けています（DMUIFrameworkにおける3Dの取り扱いについては、以降の「4-10 DMUIFrameworkにおける3D」で解説）。

この View3D を最背面にする設定以外は、任意に変更や追加を行うことができます。

UIPresetの設定

レイヤー自身が持つ機能を定義したenumを用意しています。enumによる定義は、ビットシフトした値を用いているため、複数の機能を設定できます。

リスト4-4-3 UIBase.cs

```
public enum UIPreset {
    None = 0,
    BackVisible = (1 << 0),
    BackTouchable = (1 << 1),
    TouchEventCallable = (1 << 2),
    SystemUntouchable = (1 << 3),
    LoadingWithoutFade = (1 << 4),
    ActiveWituoutFade   = (1 << 5),
    View3D  = (1 << 6),
    SystemIndicator = (BackVisible | BackTouchable | SystemUntouchable |
LoadingWithoutFade | ActiveWituoutFade),
}
```

BackVisibleパラメータ

背面のレイヤーを表示します。設定しない限り、背面は見えません。

BackTouchableパラメータ

背面のレイヤーのタッチを有効にします。設定しない限り、背面はタッチ反応がありません。

TouchEventCallableパラメータ

クリックやタッチの判定はUITouchListenerコンポーネントによって設定しますが、この仕組みとは別にレイヤー全体に対してタッチ判定を有効にします。タッチエフェクトなどの機能に対して有用です（2章「2-5 レイヤーの重なりのルール」の「タッチエフェクト」を参照）。

SystemUntouchable パラメータ

BackTouchable を設定しない場合は、レイヤーが削除されると、背面のレイヤーに対して再タッチ可能通知（2 章「2-8 コントローラーによる中枢処理とレイヤーのイベント駆動」の「再表示、再タッチ可能通知」を参照）が届きます。

ただし、フェードのレイヤーなど、ゲームの状況に関わらず頻繁に登場するレイヤーの場合は、再タッチ可能通知の役割が薄まるため、背面はタッチを無効にするが、再タッチ可能通知を発信しないレイヤーとしての設定となります。

LoadingWithoutFade パラメータ、ActiveWithoutFade パラメータ

特定のタイミングによってフェード処理が行われますが、レイヤーの読み込み処理や登場時はフェードアニメーション中に行わないようにしています。ただし、このフェードの状態に左右されない状態で、読み込みや登場させたい場合にこれらの値を設定します。

View3D パラメータ

3D グラフィックを表示するレイヤーを設定します。

SystemIndicator パラメータ

上記を複合した値です。フェードや通信中レイヤーなどのレイヤーに使用することを想定しています。サンプルで用意した黒画面のフェードは、この値を設定しています。

これらのパラメータは初期設定時に決める必要があるため、レイヤーインスタンス生成後の変更はできません。

UIBase の継承とパラメータの視認効果

UIBase は継承することを前提として作られているため、UIBase のコンストラクタのパラメータを確認することで、レイヤーインスタンスの設定状況が把握できます。

たとえば、「UISceneA」という Prefab を使用したレイヤーを探したい場合は「UISceneA」でソースコードを全検索することで見つけることができ、Prefab 変更の際にどのレイヤーへ影響するかという影響範囲が把握しやすくなります。DMUIFramework の UI 実装は Prefab にコンポーネントとしてアタッチはしませんが、コンストラクタのパラメータとして紐づけをしています。

また、外部データによる管理も想定しているため（2 章「2-8 コントローラーによる中枢処理とレイヤーのイベント駆動」の「前面、背面レイヤーの変更通知」を参照）、レイヤーインスタンスは生成元のクラス名をレイヤー名として取得することができます。

リスト4-4-4 UIBase.cs

```
public string name { get { return GetType().Name; } }
```

レイヤーの表示

生成したレイヤーは、UIController によって画面へ登場させます（2 章「2-3 コントローラーによる複数レイヤーの重なり制御、追加・削除による画面遷移」を参照）。

リスト4-4-5 Sample01.cs

```
public class Sample01 : MonoBehaviour {

    void Start () {
        UIController.instance.Implement(new PrefabLoader(), new Sounder(), new
    FadeCreator());
        UIController.instance.AddFront(new Sample01Scene()); // レイヤー追加メソッド
```

このサンプルでは Smaple01Scene クラスからレイヤーインスタンスを生成し、そのインスタンスを UIController の AddFront() の引数として渡すことでレイヤーを追加します。名前のとおり手前へ追加するという意味なので、Sample01Scene クラスで設定した UIGroup の最前面へレイヤーを挿入します。

また、UIController はシングルトンであるため、いかなるタイミングでも呼び出すことが可能です。

レイヤーの削除

レイヤーの削除も、レイヤーインスタンスを指定して行います（2 章「2-3 コントローラーによる複数レイヤーの重なり制御、追加・削除による画面遷移」を参照）。

リスト4-4-6 Sample02.cs

```
public override bool OnClick(string name, GameObject gameObjct, PointerEventData
pointer, SE se) {
    switch (name) {
         case "ButtonCenter": {
             UIController.instance.Remove(this);     // レイヤー削除メソッド
             return true;
        }
```

このサンプルでは、ボタンを押したら自身のレイヤーを削除するという処理ですが、インスタンス自体は自身であるため this 指定による削除になります。また、AddFront() 同様にいかなるタイミングでも呼び出せます。

レイヤーのリプレイス

追加と削除を複合した処理です。レイヤーインスタンスを配列で指定すると、追加するレイヤーと同じグループおよび、第 2 引数で指定するグループに存在するすべてのレイヤーが削除されます。また配列で指定したレイヤーインスタンスは、順番どおりに AddFront() される仕組みです。

リスト4-4-7 Sample04.cs

```
public override bool OnClick(string name, GameObject gameObject, PointerEventData
pointer, SE se) {
    switch (name) {
        case "ButtonCenter": {
            UIController.instance.Replace(new []{new Sample04SceneB()}, new []
            {UIGroup.Dialog});
```

```
        return true;
    }
```

Unity の SceneManager.LoadScene() メソッド相当の処理ですが、UIGroup によって必要なものは残すことができます。

レイヤーのライフサイクル

ここまでで、紹介したレイヤーの生成から削除までの一連をまとめておきます。

①レイヤーインスタンスを生成する。このときに見た目を担うゲームオブジェクトを生成するための Prefab のパスを渡す
②レイヤーを挿入する。このとき、Prefab を読み込みゲームオブジェクトを生成し、レイヤーインスタンスと紐づける
③レイヤーが見た目に登場し、プレイヤーの操作などを受け付ける
④レイヤーが削除される。このとき、生成したゲームオブジェクトは破壊し、レイヤーインスタンスもろとも削除される

COLUMN C++ と C# の言語差分

DMUIFramework は、「Cocos2d-x/C++」で実装した内容を「Unity/C#」として実装し直していますが、Cocos2d-x と Unity のゲームエンジンとしての実装の組み替えはさることながら、C++ と C# の言語差分による組み替えも考慮しています。

その 1 つとして、C++ における「const」があります。const は書き換え不可を示すものですが、戻り値や引数に渡す const のインスタンスに対して、const メンバ関数にはアクセスすることができるため、情報の取得の観点では安全かつ幅広く扱うことができます。

DMUIFramework では、インスタンスの情報書き換えという危険性を回避するため、インスタンスを渡さず、名前だけなど必要なパラメータしか渡さないとした組み替えを行っている箇所があります。

4-5 レイヤーの機能拡張：レイヤーのライフサイクルに応じた呼び出しメソッド

前節では、レイヤーインスタンスの生成、追加と削除の流れを説明しましたが、ここでは1つのレイヤーに対しての機能拡張の方針と、その拡張対象となるメソッドについて解説します。この節ではまず、ライフサイクルに関連するメソッドを紹介します。

仮想メソッドによる機能拡張

UIBase クラスおよび、UIBase の規定クラスである UIPart クラス（以降の「4-8 UIPart クラスの利用」を参照）のうち、仮想メソッドとして宣言してあるメソッドをオーバーライドしてレイヤーの機能を拡張していきます。

これらのメソッドは仮想メソッドですが、中身を実装していません。そのため、オーバーライドした際は基底クラスのメソッドを呼び出す必要はありません。基底クラスのメソッドは呼び出し忘れが多くなり、これに加え気づきにくいバグが生まれる可能性のもととなるため、統一して基底クラスのメソッドは呼び出さずに実装できる方針です。

レイヤーのライフサイクルと呼び出しメソッド

各メソッドの解説の前に、大まかな流れとしてレイヤーのライフサイクルに応じた呼び出しメソッドを列挙します。

① UIController.instance.AddFront() によるレイヤーが挿入される
②読み込み対象の Prefab を読み込み Instantiate() し、OnLoaded() が呼び出される
③レイヤーが見た目として登場する際に OnActive() が呼び出される
④レイヤーが登場している間は設定次第で、OnUpdate()、OnLateUpdate() が呼び出される
⑤ UIController.instance.Remove() によりレイヤーが削除される
⑥ OnDestroy() が呼び出され、レイヤーに紐づいたゲームオブジェクトの破棄が行われる

OnLoaded() メソッド

OnLoaded() は、レイアウトデータとなる Prefab が読み込み完了した際に呼び出されるメソッドです（2章「2-8 コントローラーによる中枢処理とレイヤーのイベント駆動」の「読み込み完了通知」を参照）。このメソッドでは、以下の実装を想定しています。

- 表示対象のプレイヤー情報を HTTP 通信などで取得する
- Prefab に仕込まれたラベルや画像などをプレイヤー情報に書き換える
- レイヤーレイアウトの Prefab 以外にも追加で UI の部品を読み込む

スマホゲームとして通信処理が行われることを前提とするため、OnLoaded() はコルーチンによって実行し、Unity へ処理を戻すようにしています。

リスト4-5-1 Sample01.cs
```
public override IEnumerator OnLoaded() {
    yield return new WaitForSeconds(2);

    Text text = root.Find("Layer/Text").GetComponent<Text>();
    text.text = "Scene";
    root.Find("Layer/ButtonTop").gameObject.SetActive(false);
    root.Find("Layer/ButtonCenter").gameObject.SetActive(false);
    root.Find("Layer/ButtonBottom").gameObject.SetActive(false);
    Debug.Log("Scene01 : All Right");
}
```

このサンプルでは、通信処理の実装想定である WaitForSeconds() による時間待ちとレイアウトの書き換えの例です。この OnLoaded() の処理は見た目に影響を与えることを前提とするため、フェードが行われる場合はフェードアウト中に行い、フェードをしていない時でも OnLoaded() の処理中はレイアウトとなるゲームオブジェクトを非アクティブ状態にして隠しておきます。

また、ここで root というプロパティが登場しますが、これがレイアウトとして指定した Prefab から生成されたゲームオブジェクトのルートに該当します。サンプルでは「UISceneA」を指定していますので、図において root は UISceneA ゲームオブジェクトの Transform を保持しています。

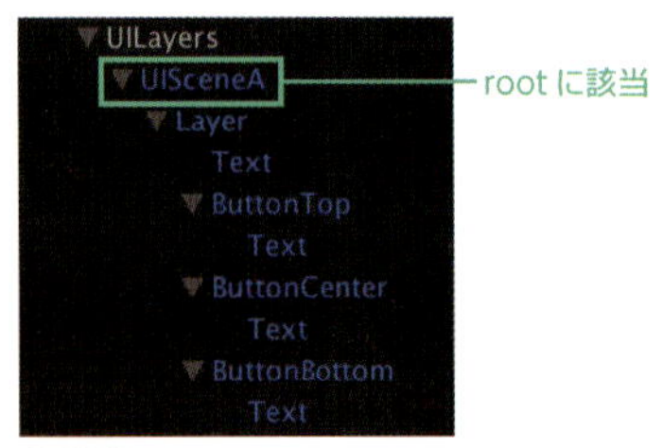

図 4-5-1 レイアウトデータにおける root

このためレイアウトを変更する場合は、Transform の Find() を用いて対象となるゲームオブジェクトを検索し、必要に応じて内容を書き換えます。また、Prefab のパスが空文字である場合も、この OnLoaded() は呼び出されます。

OnActive() メソッド

OnActive() は、レイヤーが見た目として現われる直前、またはレイヤーの登場アニメーションが設定されている場合は、登場アニメーションの終了直後に呼び出されます。

つまり、ライフサイクル上の登場通知の役割を担います（2 章「2-8 コントローラーによる中枢処理とレイヤーのイベント駆動」の「ライフサイクルによるイベント通知」を参照）。

OnUpdate() メソッド、OnLateUpdate() メソッド

OnUpdate()、OnLateUpdate() は、UIController コンポーネントの Update()、および LateUpdate() のタイミングで呼び出されます（2 章「2-8 コントローラーによる中枢処理とレイヤーのイベント駆動」の「ライフサイクルによるイベント通知」を参照）。

ただし、呼び出されるためには scheduleUpdate プロパティに対して true を渡す必

要があります。

リスト4-5-2 Sample11.cs
```
public override IEnumerator OnLoaded() {
    root.Find("Layer/ButtonTop").gameObject.SetActive(false);
    root.Find("Layer/ButtonCenter").gameObject.SetActive(false);
    UIController.instance.AddFront(new Sample11Dialog());

    scheduleUpdate = true;     // OnUpdate()、OnLateUpdate()の呼び出し設定
    yield break;
}
```

OnDestroy() メソッド

OnDestroy() は、レイヤーインスタンスの削除時に呼び出されるメソッドです（2 章「2-8 コントローラーによる中枢処理とレイヤーのイベント駆動」の「ライフサイクルによるイベント通知」を参照）。レイヤー内における後片づけの処理は、このメソッドをオーバーライドして実装します。

4-6 レイヤーの機能拡張：イベントに応じた呼び出しメソッド

前節ではライフサイクルに応じたメソッドを紹介しましたが、この節ではライフサイクル外にもプレイヤーが画面を触れたなどのイベントに応じた呼び出しメソッドについて解説します。

OnClick() メソッド

OnClick() は、Prefab 内に存在する UITouchListener コンポーネントをアタッチしたゲームオブジェクトがクリック判定された時に呼び出されます。

この処理はボタンの排他制御が行われることによって、ほかのクリックとの処理が絡むことによるバグの発生を防ぎます（2 章「2-8 コントローラーによる中枢処理とレイヤーのイベント駆動」の「クリック、タッチ通知」を参照）。

リスト4-6-1 UIPart.cs
```
public virtual bool OnClick(string name, GameObject gameObject, PointerEventData
pointer, SE se) { return false; }
```

OnClick() メソッドの引数は、以下になります。

name：クリック判定をとったゲームオブジェクトの名前
gameObject：クリック判定をとったゲームオブジェクト
pointer：ポインタイベントの情報
se：再生 SE 設定用のインスタンス

第４引数の「se」は、何も指定しない場合の SE 再生として、前述の「4-3 DMUI Framework への外部機能組み込み」の「音再生」で解説した ISounder.PlayDefault ClickSE() の呼び出しを行います。

デフォルトとは違う SE 再生を行う場合は、次のように se.playName に再生する SE 名を代入することで、ISouder.PlayClickSE() が呼び出されます。

リスト4-6-2 Sample13.cs

```
public override bool OnClick(string name, GameObject gameObject, PointerEventData
pointer, SE se) {
    switch (name) {
        case "ButtonCenter": {
            UIController.instance.AddFront(new Sample13SceneB());
            se.playName = "Center SE";     // 再生SE名を設定
            return true;
        }
```

また、OnClick() に関しては戻り値の指定があります。このクリック判定は、排他制御を行う場合は true を返します。さらに、true を返した時のみ SE は再生されます。

レイヤー内で同時押しを許したい実装がある場合は、false を返すように実装します。

OnTouchDown() メソッド、OnTouchUp() メソッド、OnDrag() メソッドと TouchEventCallable パラメータ

OnClick() と同様に、UITouchListener コンポーネントをアタッチしたゲームオブジェクトは、OnTouchDown()（押した判定）、OnTouchUp()（離した判定）、OnDrag()（押しながら移動している判定）も呼び出されることになります。

さらに前述の「4-4 レイヤーの操作」の「UIPreset の設定」で解説したレイヤーの機能で、UIPreset.TouchEventCallable を指定することで、レイヤー全体においてもこの３つのタッチ判定のメソッドが呼び出されるようになります。

リスト4-6-3 Sample05.cs

```
class UISample05TouchLayer : UIBase {
    public UISample05TouchLayer()
    : base("", UIGroup.System, UIPreset.BackVisible | UIPreset.BackTouchable |
UIPreset.TouchEventCallable) {
    }
    public override bool OnTouchDown(string name, GameObject gameObject,
PointerEventData pointer) {
        Debug.Log("touch down " + name + ": " + pointer.position);
        return false;
    }
    public override bool OnTouchUp(string name, GameObject gameObject,
PointerEventData pointer) {
        Debug.Log("touch up " + name + ": " + pointer.position);
        return false;
    }
    public override bool OnDrag(string name, GameObject gameObject, PointerEventData
pointer) {
        Debug.Log("touch drag " + name + ": " + pointer.position);
        return false;
```

```
    }
}
```

この３つのメソッドの引数は、いずれも同じです。

name：判定したゲームオブジェクト。レイヤー全体の場合は「LayerTouchArea」となる
gameObject：判定したゲームオブジェクト。レイヤー全体の場合はLayerTouchAreaのゲームオブジェクト
pointer：ポイントイベント情報

UnityにおいてUIフレームワークの思想を実現するにあたり、背面へのレイヤーへタッチ判定を通すため、EventSystemを用いた実装はしていません。そのためLayerTouchAreaに対してのタッチ判定処理は、UILayerTouchListener.csに実装しています。DMUIFrameworkが用意している機能としては、１点タッチとその座標を取得するまでの実装にしているため、ゲーム内容に応じて実装は変えてください。

OnRevisible() メソッド、OnRetouchable() メソッド

OnRevisible()は、再度レイヤーが表示されるようになる直前に呼び出されます。同様に、OnRetouchable()は再度レイヤーがタッチ判定を有効にする直前で呼び出されます。

この２つメソッドは、前面に存在するレイヤーが背面の表示やタッチ判定を有効にするかどうかによって、呼び出されるかどうかが決まります（2章「2-8 コントローラーによる中枢処理とレイヤーのイベント駆動」の「再表示、再タッチ可能通知」を参照）。

また、先に解説したUIPreset.SystemUntouchableが設定されているレイヤーは、背面レイヤーのタッチ判定は無効となりますが、このレイヤーが削除されても背面のレイヤーにOnRetouchable()が呼び出されることはありません。

OnDispatchedEvent() メソッド

OnDispatchedEvent()は、ほかからのイベント発信があった際に呼び出されるメソッドです（2章「2-8 コントローラーによる中枢処理とレイヤーのイベント駆動」の「他レイヤーからのイベント発信」を参照）。以下のように、UIControllerのDispatch()を経由して発信が行えます。

リスト4-6-4 Sample11.cs

```
public override bool OnClick(string name, GameObject gameObject, PointerEventData
pointer, SE se) {
    switch (name) {
        case "ButtonBottom": {
            // 発信時にイベント名とパラメータの設定する
            UIController.instance.Dispatch("Sample", new DispachParams(m_count));
            return true;
        }
```

イベント発信メソッドを呼び出す際の引数として渡した文字列とパラメータが、OnDispatchedEvent()へ渡ります。

リスト4-6-5 Sample11.cs

```
class Sample11Dialog : UIBase {
    public Sample11Dialog() : base("UIDialog", UIGroup.Dialog, UIPreset.BackVisible
| UIPreset.BackTouchable) {
    }
    public override IEnumerator OnLoaded() {
        root.Find("Layer/ButtonCenter").gameObject.SetActive(false);
        yield break;
    }
    // Dispatch()に設定された引数を受け取る
    public override void OnDispatchedEvent(string name, object param) {
        if (name == "Sample") {
            Text text = root.Find("Layer/Text").GetComponent<Text>();
            text.text = ((DispachParams)param).count.ToString();
            Debug.Log("Scene11 : All Right");
        }
    }
}
```

多くのイベントが発信されることを想定していますが、このレイヤーに必要な処理をイベント名をもとに実装してください。またパラメータは、object クラス型なのでさまざまなパラメータを渡すことができます。

ただし、Dispatch() のコールスタック中に OnDispatchedEvent() が呼ばれないので（正確には UIController コンポーネントの Update() で呼び出される）、パラメータに渡すインスタンスは生存が保証されるように実装する必要があります。

OnBack() メソッド

OnBack() は、「戻る」処理としてレイヤーに削除命令（2 章「2-6 独立性から生まれる画面遷移の効率性」を参照）が到達するタイミングで呼び出されます。「戻る」により削除対象となる UIGroup は、以下のように初期設定しています。

リスト4-6-6 UIGroup.cs

```
class UIBackable {
    public static readonly List<UIGroup> groups = new List<UIGroup>(){
        UIGroup.Dialog,
        UIGroup.Scene,
        UIGroup.MainScene,
        UIGroup.View3D,
    };
```

これらのグループのうち、最前面にあるレイヤーに対して OnBack() が呼び出されます。実際に「戻る」処理を行うためには、UIController の Back() を呼び出してください。

リスト4-6-7 Sample12.cs

```
public override bool OnClick(string name, GameObject gameObject, PointerEventData
pointer, SE se) {
    UIController.instance.Back();      // 「戻る」ボタンの挙動して呼び出す
    return true;
}
```

OnBack() の処理では返す bool 値によって挙動が変わり、false を返すとレイヤーは削除されないので、「戻る」処理の挙動を変えたい場合（レイヤー内の表示物を切り替えたい、など）に有効です。

リスト4-6-8 Sample12.cs

```
public override bool OnBack() {
    Debug.Log("Scene12 : All Right");
    return false;      // レイヤーが削除されない
}
```

OnSwitchFrontUI() メソッド、OnSwitchBackUI() メソッド

OnSwitchFrontUI() は前面、OnSwitchBackUI() は背面のレイヤーが切り替わったタイミングで呼び出されます（2 章「2-8 コントローラーによる中枢処理とレイヤーのイベント駆動」の「前面、背面レイヤーの変更通知」を参照）。引数には、切り替わったレイヤー名が渡されます。

リスト4-6-9 Sample17.cs

```
public override void OnSwitchFrontUI(string uiName) {
    Debug.Log("switch front: " + uiName);
}
public override void OnSwitchBackUI(string uiName) {
    Debug.Log("switch back: " + uiName);
}
```

4-7 レイヤーアニメーション

DMUIFramework では、レイヤーの登場時、および退場時にアニメーションを設定することができます。ここでは、アニメーションの設定方法やその量産の方針、および UI フレームワークの機能の 1 つである画面切り替わりのフェード処理について解説します。

アニメーションの実装方針

UI の登場／退場アニメーションは UI の見栄えをよくすることが主目的ですが、アニメーション自体が長くなっては UI の操作テンポが悪くなるため、1 秒に満たないほどのアニメーションを推奨します。

また、アニメーション時の操作は、プレイヤーが認知しないボタン押下するなどの誤動作にもつながるため、アニメーション中のタッチ操作はできないようにしています。

UI のアニメーションは細かな動きや感覚的な作業を伴うため、極力エンジニアが実装せずに UI デザイナーの作業のみで済ませたいところです。そのため DMUIFramework では Animator の機能を用いて、レイヤーの登場／退場アニメーションを制御しています。

Unity の標準アニメーションの機能のみで実装しているので、ほかのアニメーション用アセットなどを使用する場合は、OnLoaded() において再生処理など別途実装が必要になります。

Animator による実装例：フェードアニメーション

DMUIFramework.package 内に OriginalUIAnimator.controller ファイルを用意しています。このファイルを複製してレイアウトデータとなる Prefab へ組み込んで使用します。

DMUIFramework の標準のフェード機能にはすでに、Animator によるアニメーション制御を施しています。

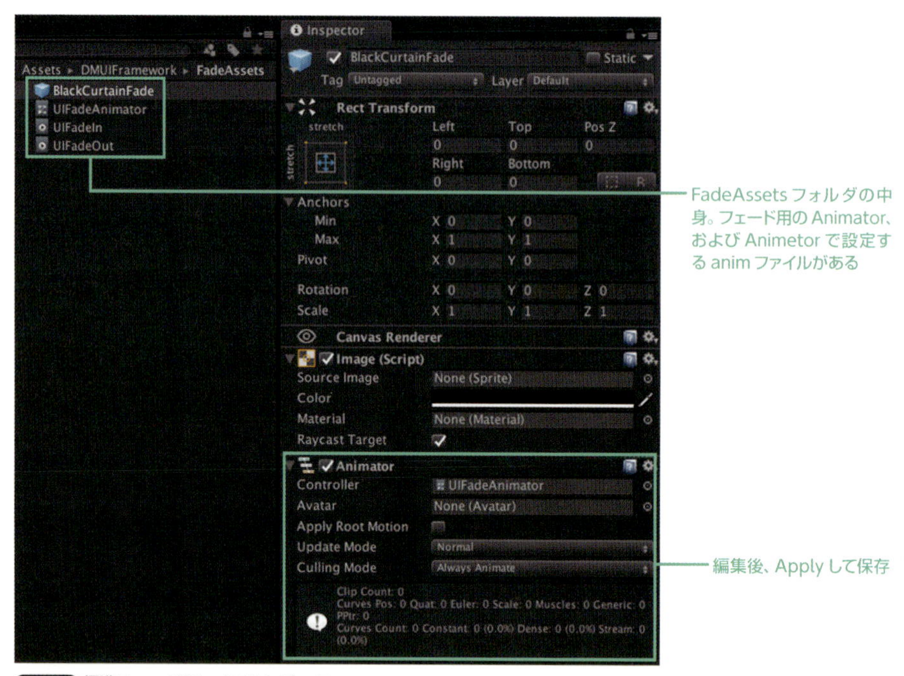

図 4-7-1 標準フェードのレイアウトデータ

次の図は、Animator によるアニメーションの状態遷移です。

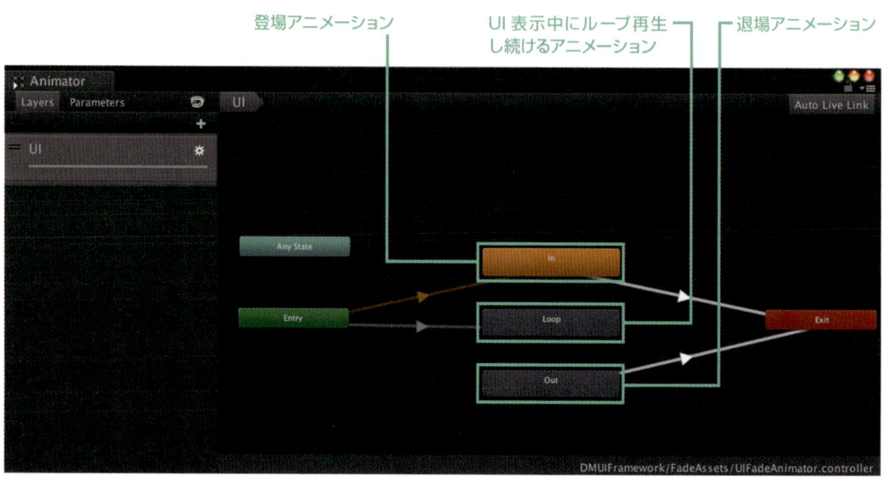

図 4-7-2 レイヤーアニメーションの状態遷移

「In」アニメーション後に「Loop」アニメーションに移ります。「Loop」アニメーションでは、登場しているあいだ再生し続けるアニメーションを設定してください。また、レイヤーが削除されることが確定したタイミングで「Out」アニメーションへ移行し、アニメーション終了と同時に削除されます。

各状態となるアニメーションは、レイアウトデータとなるPrefabをもとにanimファイルを作成してください。

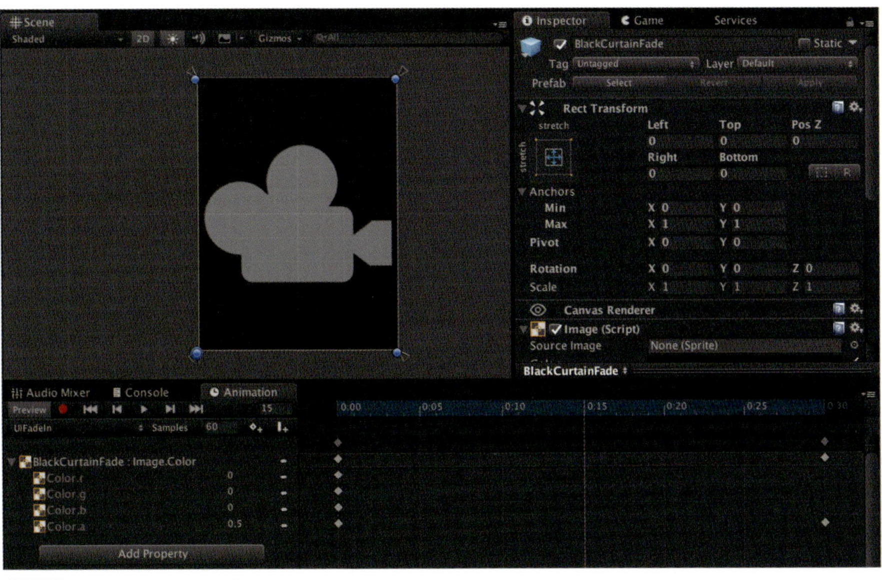

図4-7-3 UIFadeIn.animの設定

作成したanimファイルを対応する状態へ設定します。

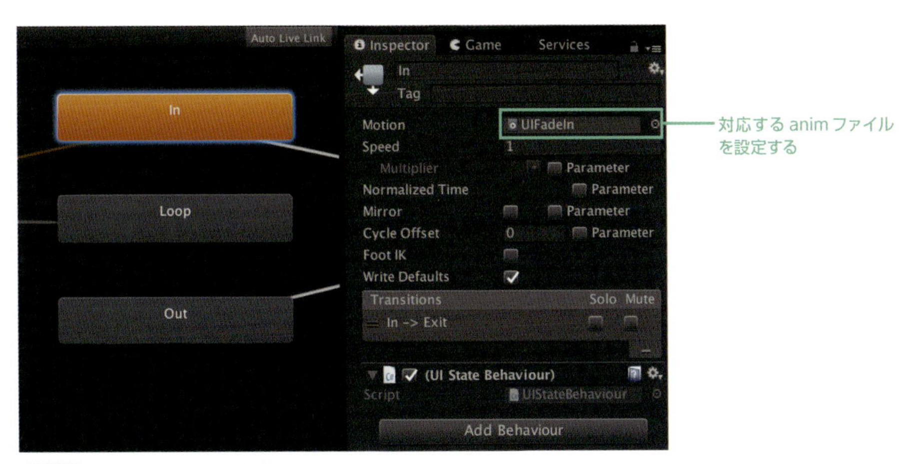

図4-7-4 Inアニメーションの設定

「Loop」アニメーションとして設定する場合は、animファイルにループ設定をしてください。

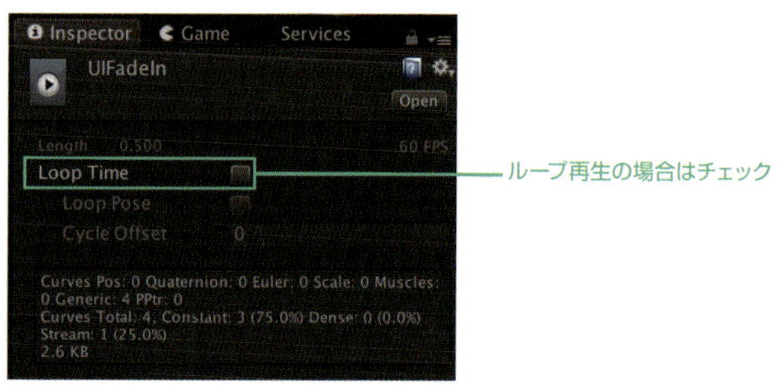

図 4-7-5 anim ファイルのループ設定

フェードの例では、Animator コンポーネントは Prefab のルートへアタッチしていますが、必ずしもこのようにする必要はなく、どの階層のゲームオブジェクトへアタッチしても問題ありません。また、1 つのレイヤーレイアウトの Prefab に対して複数の Animator が存在しても問題ありません。

この際、すべての Animator の「In」および「Out」が終了すると、レイヤーアニメーションが完了となります。

フェードアニメーションの発生条件

レイヤー自体のアニメーションにより見栄えの効果は上がりますが、画面切り替わりのフェードでも十分に効果が現れます。DMUIFramework では先に説明したように、FadeCreator を通してフェード用のレイヤーを生成し、アニメーションを行いますが、フェードを発生させるかどうかの条件は UIGroup ごとに設定します。

リスト4-7-1 UIGroup.cs

```
class UIFadeTarget {
    public static readonly List<UIGroup> groups = new List<UIGroup>(){
        UIGroup.Floater,
        UIGroup.MainScene,
        UIGroup.View3D,
    };
}

class UIFadeThreshold {
    public static readonly Dictionary<UIGroup, int> groups = new Dictionary<UIGroup,
int>(){
        { UIGroup.Scene, 1 },
    };
}
```

UIFadeTarget における「groups」では、この UIGroup のレイヤーが追加／削除されると必ずフェードが発生します。UIFadeThreshold における「groups」では数値を設定していますが、この数値以下でレイヤーの追加／削除が行われたときのみフェードが発生します。

リスト 4-7-1 を例に言い換えると、UIGroup.Scene に 2 つ目のレイヤーが追加されてもフェードは発生せず、2 つ目が削除されても同じくフェードは発生しません。制作するゲームに応じて、設定は変更してください。

4-8 UIPart クラスの利用

UIPart は、レイヤー内のボタンなどの UI の部品となるオブジェクトの生成や、既存の部品に対して機能を付与する役割を持つクラスです。レイヤーインスタンスを生成する UIBase は、UIPart を継承したクラスでもあります。

ゲームの UI においては、プレイヤー所持キャラクターなどをリストとして表示することが多々あります。その際、リスト内のアイテムの見た目は異なっても、内部処理は共通化して行う必要があります。

図 4-8-1 リスト処理の例

Unity では、Prefab 化したリスト内アイテムにコンポーネントを付けて作成するのが一般的ですが、DMUIFramework では前述の「4-1 UI の実装思想」で述べたように、制作するゲーム特有となる処理を持つコンポーネントは作成しない方針であるため、UIBase クラスと同様の処理を行うための役割として UIPart クラスが存在します。

部品の生成とレイヤーへの所属

UIPart は、UIBase 同様に部品の見た目となる Prefab のパスをコンストラクタの引数として渡します。

リスト4-8-1 Sample14.cs

```
class Sample14Button : UIPart {
    private int m_id = 0;
    public Sample14Button(int id) : base("UIButton") { // 部品の見た目となるPrefabパス
        m_id = id;
    }
```

このあと UIBase の場合は、AddFront() によってレイヤーとして登場しますが、UIPart は部品であるため、レイヤー内に所属するという形を取ります。そのため UIController の YieldAttachParts() という処理で、Prefab を読み込み生成され、レイヤーに所属します。第 1 引数には所属先のレイヤーのインスタンス、第 2 引数に生成対象となる部品のリストです。

リスト4-8-2 Sample14.cs

```
class Sample14Scene : UIBase {
    public Sample14Scene() : base("UISceneA", UIGroup.Scene) {
    }
    public override IEnumerator OnLoaded() {
        root.Find("Layer/ButtonTop"    ).gameObject.SetActive(false);
        root.Find("Layer/ButtonCenter").gameObject.SetActive(false);
        root.Find("Layer/ButtonBottom").gameObject.SetActive(false);
        List<UIPart> parts = new List<UIPart>();
        const int num = 4;
        for (int i = 1; i <= num; i++) {
            parts.Add(new Sample14Button(i));
        }
        // 所属するレイヤーを決定する
        yield return UIController.instance.YieldAttachParts(this, parts);
    }
}
```

部品の読み込み完了

UIPart は UIBase に所属することで、コンストラクタで指定した Prefab が読み込まれゲームオブジェクトが生成されて、UIPart の OnLoaded() が呼び出されます。

この OnLoaded() は UIBase とは違い、引数として所属先の UIBase のインスタンスが渡されます。このインスタンスが渡り UIBase の root にアクセスすることにより、UIPart がヒエラルキー上のどの位置に配置するかを決めることができます。

リスト4-8-3 Sample14.cs

```
public override IEnumerator OnLoaded(UIBase uiBase) { //所属先のUIBase
    Text text = root.Find("Text").GetComponent<Text>();
    text.text = m_id.ToString();
    Transform layer = uiBase.root.Find("Layer");        // 配置先を決定する

    // UIPartのrootプロパティ。Prefabから生成したゲームオブジェクトのTransform
    root.SetParent(layer);
    root.localPosition = new Vector3(426, 100 * m_id, 0);
    root.localScale = Vector3.one;

    Debug.Log("UIPart Loaded");
    yield break;
}
```

部品のタッチ判定

ボタンも UI の部品のため、部品自体にもタッチ判定の処理が行えます。UIPart は UIBase に所属するため、そのレイヤーのタッチ可／不可の状態に依存します。この条件を前提として、UIPart も UIBase と同様に OnClick()、OnTouchDown()、OnTouchUp()、OnDrag() をオーバーライドして、タッチ処理を行うことができます。

UIPart のタッチ判定メソッドが呼び出された場合は、所属先の UIBase のタッチ判定メソッドは呼び出されません。このときのルールとして、UIPart および UIBase が root

として保持するゲームオブジェクトのうち、UITouchListener コンポーネントに最も近いタッチ判定メソッドが呼び出されるようになります。

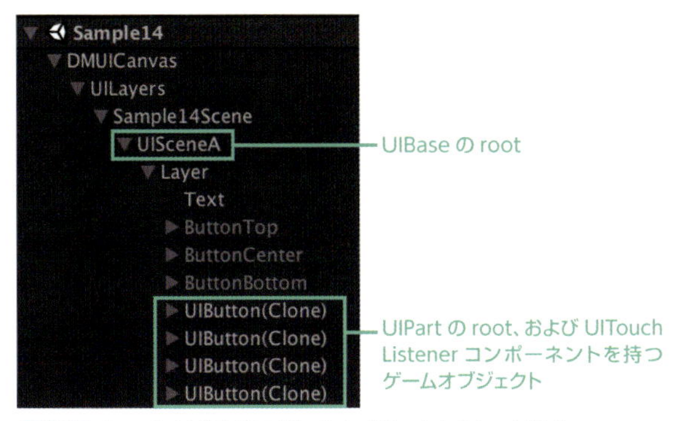

図 4-8-2 Sample14 実行時のゲームオブジェクトのヒエラルキー

Sample14 のヒエラルキーにおいては、Sample14Scene クラスの OnClick() は呼び出されず、Sample14Button クラスの OnClick() が呼び出されます。

部品の削除

UIPart は、所属する UIBase が削除されると同時に削除されます。このとき OnDestroy() が呼び出されます。

部品のライフサイクル

UIPart のこれまでのまとめとして、ライフサイクルを列挙します。

①部品のインスタンスを生成する。このときに見た目を担うゲームオブジェクトを生成するための Prefab のパスを渡す
②レイヤーへ所属する。これによりレイヤーと紐づき、Prefab の読み込み完了後、OnLoaded() が呼び出される。このタイミングでレイヤーのゲームオブジェクトのヒエラルキーへ配置する
③レイヤーの登場と同時に、部品もレイヤーの一部として表示される
④レイヤーの削除と同時に、所属した部品もいっしょに削除される

すでに生成したゲームオブジェクトを部品として割り当てる

UIPart は、Prefab のパスを持つことでゲームオブジェクトを生成しますが、UIBase として生成されたゲームオブジェクトなど、すでに生成済みのゲームオブジェクトを UIPart のコンストラクタへ渡すことによって、Prefab を読み込んで生成する代わりにすることができます。

リスト4-8-4 Sample16.cs

```
class Sample16Button : UIPart {
    private Sample16Scene m_ui = null;
```

```
    // 部品とするゲームオブジェクトのTransformを渡す
    public Sample16Button(Sample16Scene ui, Transform transform) : base(transform)
{
        m_ui = ui;
    }

    public override IEnumerator OnLoaded(UIBase uiBase) {
        // rootはコンストラクタに渡したゲームオブジェクトと同じ
        Text text = root.Find("Text").GetComponent<Text>();
        text.text = "delete";
        yield break;
    }
```

このとき、コンストラクタに渡したゲームオブジェクトが、そのまま UIPart の root プロパティを通して代入されるので、Prefab から生成した場合と同じ処理を OnLoaded() などの各メソッドで記述することができます。

この代用によって、すでに必要としていたゲームオブジェクトが存在する場合は、無駄に読み込み生成するという手順を省くことができます。この時の UIPart のライフサイクルは以下のようになりますが、Prefab のパスを指定してゲームオブジェクトを生成するか、生成済みのゲームオブジェクトを渡すかの差しかありません。

①部品のインスタンスを生成する。このとき既存のゲームオブジェクトを渡す
②レイヤーへ所属する。処理の統一性のため、読み込む Prefab がなくても UIPart の OnLoaded() が呼び出される。このタイミングでレイヤーのヒエラルキーに配置していない場合は配置する
③レイヤーの登場と同時に、部品もレイヤーの一部として表示される
④レイヤーの削除と同時に、所属した部品もいっしょに削除される

部品の追加読み込みとレイヤーへの所属

YieldAttachParts() によるレイヤーへの所属は、OnLoaded() 用として用意された機能ですが、レイヤーへの所属はすでに登場しているレイヤーに対しても AttachParts() を利用することで行うことができます。AttachParts() の引数には、所属先のレイヤーインスタンスと、追加する UIParts のインスタンスを配列で渡します。YieldAttachParts() と AttachParts() の違いは、コルーチン内で処理を行うかどうかの差でしかありません。

リスト4-8-5 Sample15.cs

```
public override bool OnClick(string name, GameObject gameObject, PointerEventData
pointer, SE se) {
    switch (name) {
        case "ButtonTop": {
            m_count++;
            UIController.instance.AttachParts(this, new List<UIPart>(){new
Sample15Button(m_count)});
            return true;
        }
        default: {
            return false;
```

```
        }
    }
}
```

AttachParts() で追加する UIParts でも YieldAttachParts() と同様に、Prefab のパスを指定している場合は、読み込み後ゲームオブジェクトを生成します。コンストラクタにゲームオブジェクトを渡す場合は、そのまま部品に紐づきます。

そして、どちらの処理も終わった後には OnLoaded() が呼び出されます。

部品の取り外しと削除

リスト内のアイテム量の肥大化やそれに伴う表示テクスチャーの読み込みによるメモリ圧迫などがあり、ゲーム上表示することのなくなった UI の部品が残り続けるのは好ましくありません。不要になった部品は、UIController の DetachParts() を呼び出すことで、レイヤーが表示中でも取り外して削除することができます。

引数には、所属先のレイヤーと削除する UIPart のインスタンスを配列で渡します。これにより、レイヤーから取り外され削除されます。このとき UIPart の OnDestroy() が呼び出されます。

リスト4-8-6 Sample16.cs

```
public override bool OnClick(string name, GameObject gameObject, PointerEventData
pointer, SE se) {
    // thisは部品のインスタンスを指している
    UIController.instance.DetachParts(m_ui, new UIPart[]{this});
    Debug.Log("Scene16 : All Right");
    return true;
}
```

4-9 UIController の機能

UIController はシングルトンのコンポーネントとして存在しているので、public として実装しているメソッドはいつでも使用することができます。ここでは、これまでのおさらいも含め UI フレームワークの利用者側としての UIController の機能を紹介していきます。

AddFront() メソッド、Remove() メソッド、Replace() メソッド

前述の「4-4 レイヤーの操作」で紹介しましたが、レイヤーの追加や削除を行うメソッドです。いかなる箇所でも使用することが可能ですが、AddFront() においては呼び出し順がレイヤーの前後関係に影響するために配慮は必要です。

たとえば、UIBase を継承したクラスにおいて、コンストラクタで AddFront() を呼び出した場合は自身のレイヤーより早く追加されることになるため、自身の方が手前に表示されます。以下では、Sample03Scene レイヤーより先に Sample03Frame レイヤーが追加されます。

リスト4-9-1 Sample03.cs
```
public class Sample03 : MonoBehaviour {
    void Start () {
        UIController.instance.Implement(new PrefabLoader(), new Sounder(), new
FadeCreator());
        UIController.instance.AddFront(new Sample03Scene());
    }
}

class Sample03Scene : UIBase {
    public Sample03Scene() : base("UISceneA", UIGroup.Scene) {
        UIController.instance.AddFront(new Sample03Frame());
    }
```

また Replace() では、配列でレイヤーインスタンスを渡しますが、配列の順序で AddFront() を行っていきます。

リスト4-9-2 Sample04.cs
```
public override bool OnClick(string name, GameObject gameObject, PointerEventData
pointer, SE se) {
    switch (name) {
        case "ButtonCenter": {
            // UIBaseの配列順でAddFront()される
            UIController.instance.Replace(new UIBase[]{new Sample04Scene(), new
Sample04SceneB()}, new UIGroup[]{UIGroup.Dialog});
            return true;
        }
```

Dispatch() メソッド、Back() メソッド

前述の「4-6 レイヤーの機能拡張」で紹介しましたが、レイヤーのイベント発生に通じるメソッドです。それぞれ、イベントの発信と「戻る」によるレイヤー削除を発生させます。

YieldAttachParts() メソッド、AttachParts() メソッド、DetachParts() メソッド

前述の「4-8 UIPart の利用」で紹介しましたが、UIPart に伴う処理を発生させる場合は、所属先のレイヤーインスタンスと UIPart のインスタンスをパラメータに渡して、UIController で処理を行います。どれも複数の UIPart を渡すことを想定して UIPart の配列を渡します。

SetScreenTouchable() メソッド

SetScreenTouchable() は、レイヤー起点で画面全体のタッチ判定を制御するための機能です。たとえば、レイヤー内において登場アニメーション以外による演出の待ちを行いたい場合など、画面のタッチが不都合になる場合は、このメソッドによって回避することができます。

リスト4-9-3 Sample03.cs

```
public override bool OnClick(string name, GameObject gameObject, PointerEventData
pointer, SE se) {
    switch (name) {
        case "ButtonBottom": {
            // 画面全体のタッチが無効となる
            UIController.instance.SetScreenTouchable(this, false);
            scheduleUpdate = true;
            m_count = 0;
            eturn true;
        }
```

第１引数にはレイヤーインスタンスを渡しますが、これにより全体タッチを操作しているレイヤーを紐づけています。画面全体のタッチ制御は進行不能に陥る重大なバグにつながるため、フェイルセーフとして紐づけたレイヤーが削除されると、全体のタッチ制御は解除されるようになります。

第２引数に bool 値を渡しますが、これによって有効／無効を設定します。タッチ無効と有効の呼び出し回数は対になる必要があり、たとえばタッチ無効中にタッチ無効を呼び出した場合、２回タッチ有効を呼び出さないと、全体のタッチは有効になりません。

フェイルセーフを入れてはいますが、タッチの無効／有効は１対１の関係として、無効にしたら必ず有効にするように呼び出してください。

チェック系メソッド

UIController では、レイヤーの状況チェックのためのいくつかのメソッドを備えています。

bool HasUI(string name) メソッド

引数にレイヤー名を渡すことで、文字列によるレイヤーの存在チェックをします。

string GetFrontUINameInGroup(UIGroup group) メソッド

引数に UIGroup を渡すことで、対象の UIGroup の最前面のレイヤー名を取得します。

int GetUINumInGroup(UIGroup group) メソッド

引数に UIGroup を渡すことで、対象の UIGroup にレイヤーがいくつ存在しているかを取得できます。

4-10 DMUIFramework における 3D

ダビマスでは馬や競馬場では 3D モデルを使用して表現しており、DMUIFramework においても 3D の表示を想定した実装を行っています。Unity における uGUI と実際のダビマスで使用した Cocos2d-x とのゲームエンジンとしての仕様の違いがあるため、DMUIFramework として定めた 3D の仕組みについて解説します。

これまでに解説したレイヤーの実装方法やルールの基本は同じなので、この節では

uGUI を使用したレイヤー作成とは異なる部分を中心に紹介します。

3D レイヤー

DMUIFramework では、3D においてもレイヤーとして扱いますので、これまで解説したUIのレイヤーと同等に扱いますが、3D表示用のレイヤーは最背面への配置とします。プレイヤーの操作に関わる UI は手前に配置されることが多く、また 3D 空間には背景となる 2D のレイヤーを配置することも可能であるため、3D となるレイヤーは最背面として扱います。

リスト4-10-1 UIGroup.cs

```
public enum UIGroup {
    None = 0,
    View3D,     // 3D表示用のグループ。最背面に配置される
    MainScene,
    Scene,
    Floater,
    Dialog,
    Debug,
    SystemFade,
    System,
}
```

ただし、3D レイヤーとしては最背面に配置しますが、UI のレイヤーより手前に 3D を表示できないということではありません。uGUI における Canvas の PlaneDistance は「1」と設定していますが、これより手前に 3D オブジェクトを配置することは可能で、また PlaneDistance の数値を変更しても構いません。

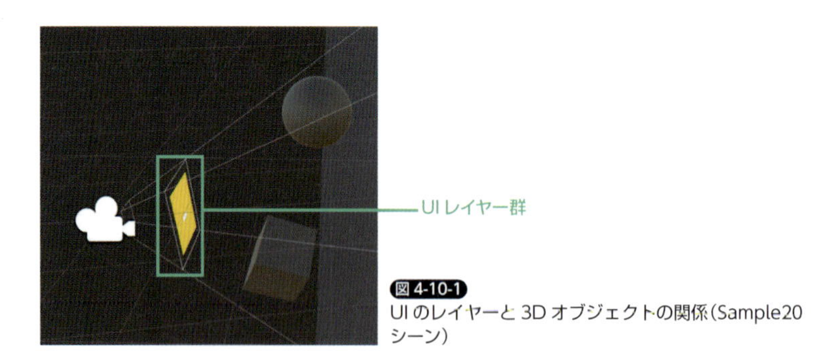

図 4-10-1
UI のレイヤーと 3D オブジェクトの関係(Sample20 シーン)

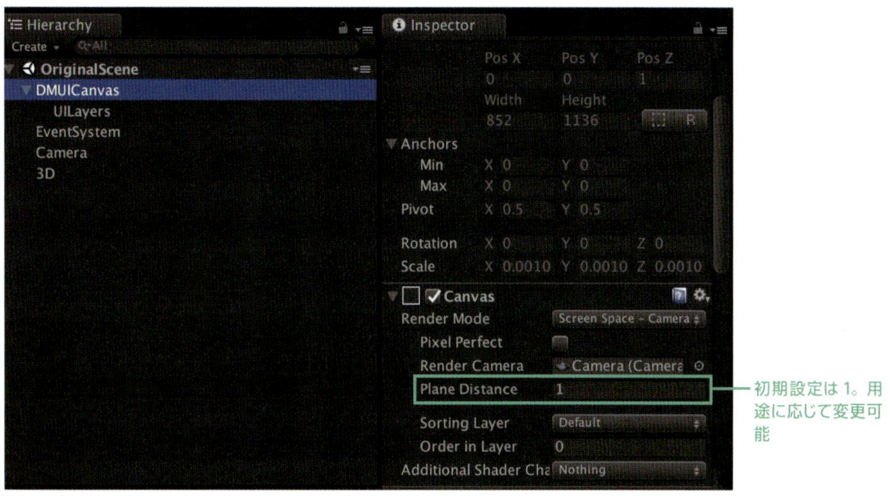

図 4-10-2 OriginalScene.unity における Canvas の設定

また、3D レイヤーにおいても UIBase を継承して機能を拡張していきます。UIGroup は View3D とし、UIPreset の設定でも View3D を指定します。

リスト4-10-2 Sample20.cs

```
class Sample20Scene : UIBase {
    // UIGroup、UIPresetともにView3Dを設定
    public Sample20Scene() : base("UI3D", UIGroup.View3D, UIPreset.View3D) {
```

3D ゲームオブジェクトのヒエラルキー

3D レイヤーを生成する際も Prefab からゲームオブジェクトを生成し、レイヤーと紐づけます。3D レイヤーではこれまでの 2D の UI とは異なり、「3D」というゲームオブジェクトの配下に生成し配置します。

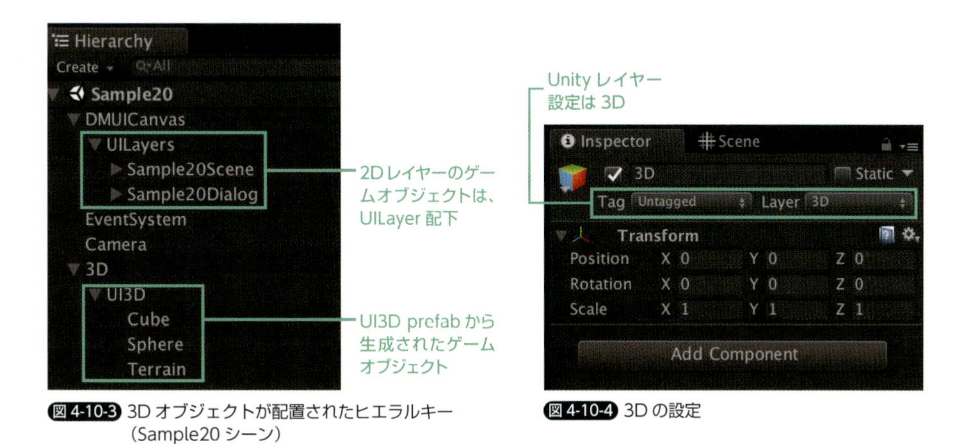

図 4-10-3 3D オブジェクトが配置されたヒエラルキー（Sample20 シーン）

図 4-10-4 3D の設定

Terrain 使用時の 3D レイヤーの表示物設定

DMUIFramework のレイヤー表示の仕組み上、自身のレイヤーが表示されるかどうかは前面のレイヤーに委ねられます。uGUI では、UI のカテゴリであるコンポーネント

(UnityEngine.UI.Graphic クラス) が表示物としての認識を持ちますが、3D の場合は UnityEngine.Renderer クラスを表示物として認識し、表示切り替えを行います。

ただし、Terrain においては 3D 表示物ではありますが、UnityEngine.Renderer クラスが基底クラスではないため、3D の表示物としての設定を追加する必要があります。この設定として、AddVisibleBehaviourController() を呼び出します。

リスト4-10-3 Sample20.cs

```
class Sample20Scene : UIBase {
    public Sample20Scene() : base("UI3D", UIGroup.View3D, UIPreset.View3D) {
        // Terrainをこのレイヤーの表示物として設定する
        AddVisibleBehaviourController<Terrain>();
        UIController.instance.AddFront(new Sample20Dialog(true));
        UIController.instance.AddFront(new Sample20Dialog(false));
    }
```

ここでは Terrain について触れましたが、2D においては UnityEngine.UI.Graphic クラス、3D においては UnityEngine.Renderer クラスが表示物としての基本設定なので、これらに該当しない表示用コンポーネントを使用する場合は、同様に AddVisibleBehaviourController() を使用して表示物を追加します。

3D レイヤーのタッチ判定

3D オブジェクトにおいてもタッチ判定を設定することで、3D レイヤーに対してタッチの通知が行われます。このとき 3D オブジェクトに対しては、Collider コンポーネントをアタッチしておきます。同じゲームオブジェクトに UITouchListener コンポーネントもアタッチしてください。

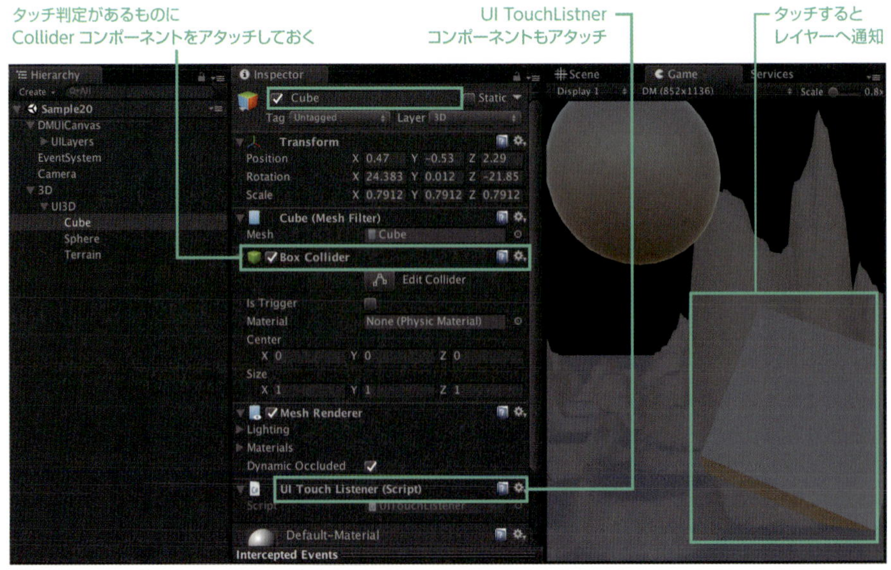

図 4-10-5 3D オブエジェクトのタッチ判定

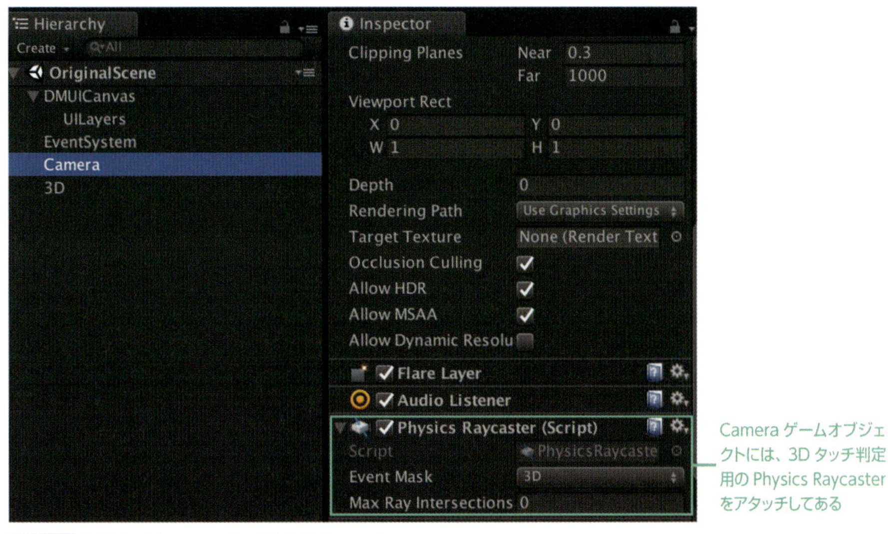

図 4-10-6 OriginalScene.unity の 3D 用 Raycaster

Colliderを設定した3Dオブジェクトがクリックされると、OnClick()が呼び出されます。

リスト4-10-4 Sample20.cs

```
public override bool OnClick(string name, GameObject gameObject, PointerEventData
pointer, SE se) {
    if (name == "Cube" || name == "Sphere") {
        UIController.instance.Remove(this);
        Debug.Log("Scene20 : All Right");
        return true;
    }
    return false;
}
```

エンジニア CHAPTER 5

DMUIFramework を用いたサンプルゲーム制作

前章では、レイヤー構造をベースとする画面デザイン実装の UI フレームワーク「DMUI Framework」の概要と、その利用方法について解説しました。この章では、実際に DMUIFramework を用いてミニゲームを制作しながら、実装フローの具体例を解説していきます。みなさんのゲームで、DMUIFramework を活用する際の参考にしてもらえればと思います。

サンプルゲームの制作では、UI/UX デザイナーが UI パーツやアニメーション、画面レイアウトを行い（「デザインパート」）、それを開発サイドで引き取って、画面遷移に応じたレイヤー構成を決めてコーディングしていく（「エンジニアパート」）という、本書の構成に沿った解説となっています。

なお本章は、DMUIFramework.unitypackage に付属している Prefab データやソースコードを照らし合わせながら読むことをお勧めします。

この章で学べること

- ▶ サンプルゲーム制作で UI フレームワーク「DMUIFramework」の活用法と実装例を学ぶ
- ▶ サンプルゲームを例に、デザイナーとエンジニアの効率のよい作業分担の方法を理解する
- ▶「DMUIFramework」によるコーディングの実例をソースコードを見ながら把握する

5-1 作成するミニゲームの概要

画面上に現れるアルファベットを「A」から順番に押して、すべて押し終わるまでのタイムを競うゲームです。「Sample/MiniGame/MiniGame.unity」で遊ぶことができますので、まずはゲームの概要を確認してください。

このゲームでは、図のような画面遷移を行います。なお、デザイン素材はクリエイティブ・コモンズ（https://creativecommons.jp/licenses/）のものを使用しています。

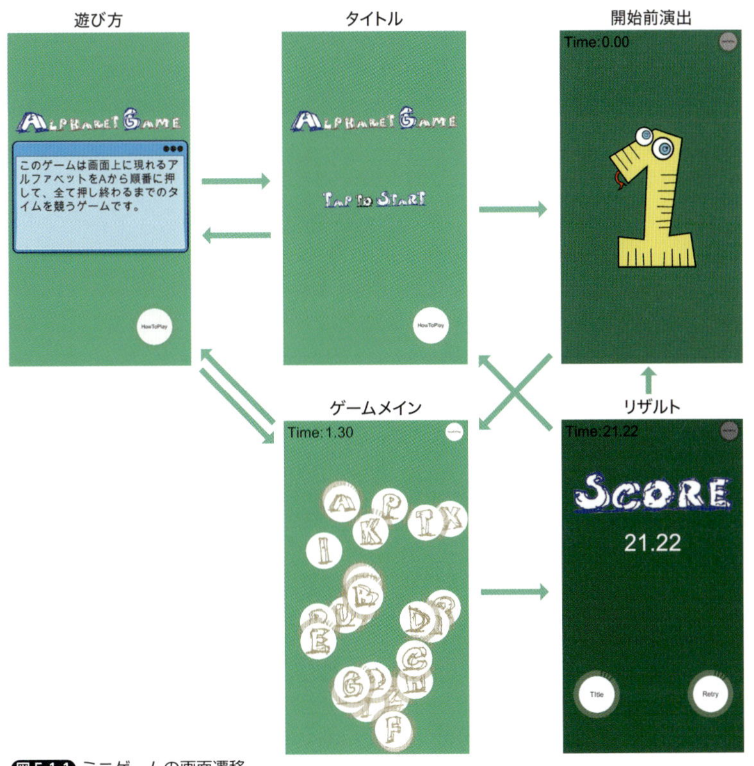

図5-1-1 ミニゲームの画面遷移

タイトル画面

タイトル画面では、「遊び方の説明」画面へ進むボタンがあり、それ以外の場所が押された場合は「開始前演出」画面へ進みます。ゲーム開始を促すために、「Tap To Start」の文字はアニメーションで強調しています。

遊び方画面

タイトル画面、ゲームメイン画面の手前にポップアップする形で出現します。画面のどこが押されても、ポップアップが閉じられて元の画面に戻ります。

開始前演出画面

ゲーム画面の手前に表示する演出のための画面で、「3」「2」「1」とカウントダウンする画面です。この間のプレイヤーの操作は受け付けません。

ゲームメイン画面

アルファベットのボタンは開始直前まで消しており、開始と同時にアルファフェードによってランダムな位置に出現し、同時に左上に表示される時間経過も始まります。ボタンは重なっていますが、必ず押せるように「A」から手前に配置されます。すべてのアルファベットを押し終えると「リザルト画面」へ進みます。また、右上のボタンからタイトル画面を同様に遊び方を表示することができ、表示している間は時間の経過を止めます。

リザルト画面

アルファベットをすべて押し終えるとこの画面へ進み、タイムを表示します。下のボタンから、「タイトルへ戻るか」「ゲームをリトライする」かを選択します。

5-2 レイアウトデータの作成（デザインパート）

まずはミニゲームの企画仕様が決まった段階と仮定し、ミニゲームを実装していくための画面レイアウトを作成していきます。この作業に関しては、UI/UXデザイナーが「Unity」を用いて行います。

レイアウトデータにおいての主な構成ポイントは、以下の3つです。これらのポイントをもとに各レイアウトデータを確認していきます。

- グラフィック構成
- アニメーション
- タッチ判定（UITouchListener がアタッチされる）

リソースの構成

ミニゲームは5つの画面のレイアウトデータと、アルファベットのボタンをUI部品として扱うため、6つのPrefabデータを作成します。それぞれは、DMUIFramework.unitypackageの以下のパスに置いています。

```
/DMUIFramework/Sample/Resources/MiniGame
  MiniGameTitle.prefab：タイトル画面
  MiniGameHowToPlay.prefab：遊び方画面
  MiniGameStartEffect.prefab：開始前演出画面
  MiniGameMain.prefab：ゲームメイン画面
  MiniGameResult.prefab：ゲームリザルト画面
  MiniGameAlphabet.prefab：ゲームメイン内のアルファベットボタン
```

「タイトル画面」のレイアウト

タイトル画面は、以下の要素で構成されています。

グラフィック構成

画面全体の下地を表示する「Panel」を配置し、その子供にボタンや文字などの各UIグラフィック素材を配置します。

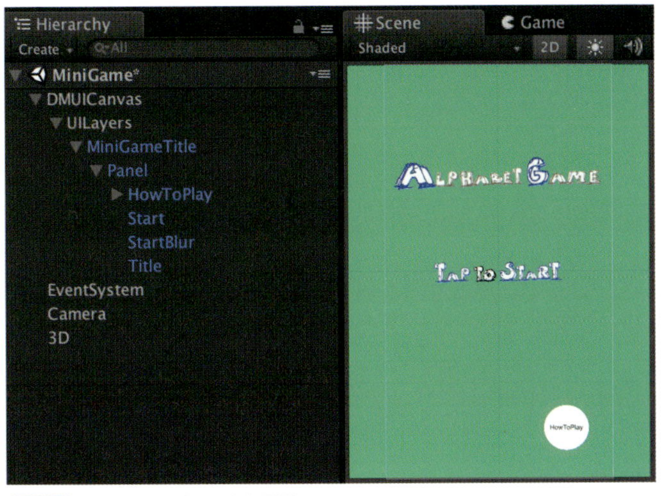

図5-2-1 MiniGameTitle.prefab 画面

アニメーション

「StartBlur」は、「TapToStart」という表示を強調するアニメーション用の Image です。ここに Animation コンポーネントをアタッチしています。常時行うアニメーションであるため、DMUIFramework の OriginalUIAnimator を使用していません。

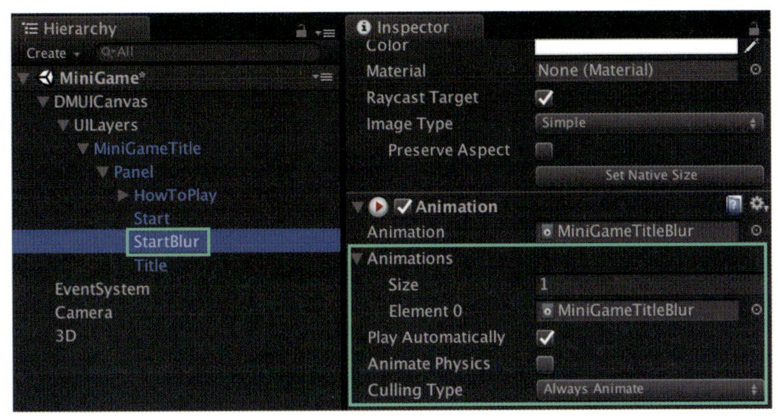

図5-2-2 アニメーションのイメージ画像

タッチ判定

遊び方を表示するための「HowToPlay」ボタン、それ以外の画面が押された時にゲームメイン画面へ遷移するための Panel に UITouchListener をアタッチしています。

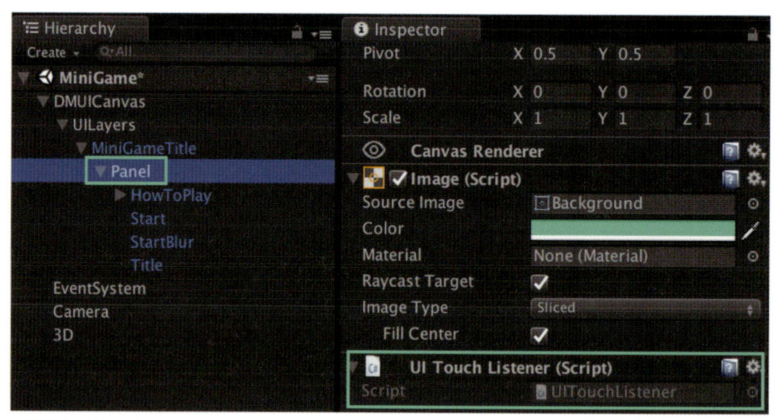

図 5-2-3 UITouchListener のアタッチ

「遊び方画面」のレイアウト

遊び方画面は、以下の要素で構成されています。

グラフィック構成

遊び方はポップアップで表示するため、画面全体の下地となるグラフィックは配置せず、ウィンドウのみを配置します。

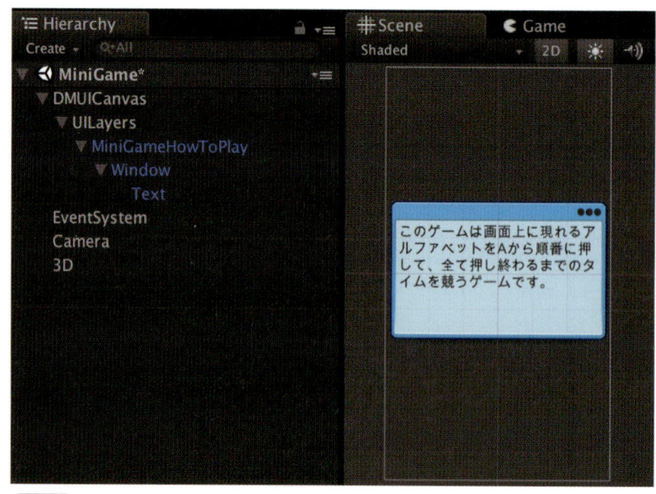

図 5-2-4 MiniGameHowToPlay.prefab 画面

アニメーション

「Window」に DMUIFramework の Animator をアタッチしています。ポップアップの登場、退場時に、それぞれのアニメーションを行います。

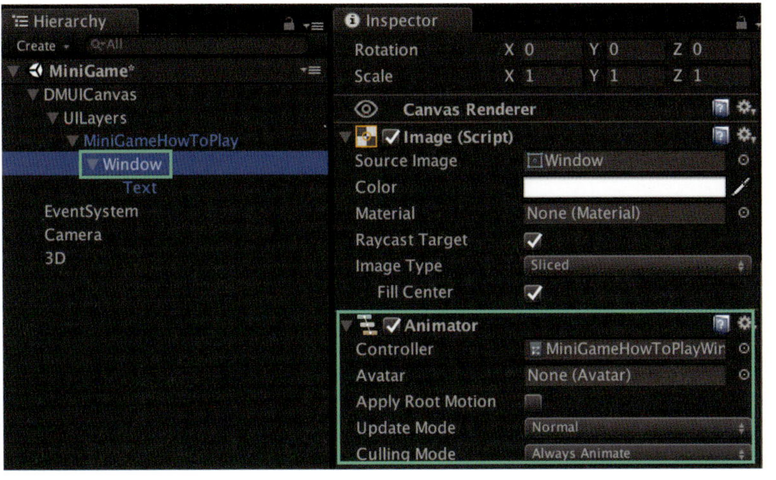

図 5-2-5 Animator のアタッチ

タッチ判定

画面のどこかを押されたら閉じる挙動となります。ソースコードで準備するため、レイアウトはありません。

「開始前演出画面」のレイアウト

開始前演出画面は、以下の要素で構成されています。

グラフィック構成

カウントダウン用の画像を用意します。ゲームメインの手前に表示することを考慮して、カウントダウンが見えやすくなるように、画面全体を覆うための黒半透明の下地を配置しています。

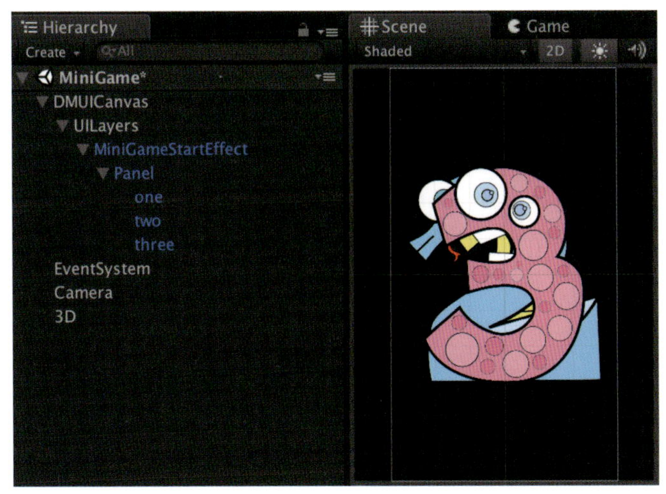

図 5-2-6 MiniGameStartEffect.prefab 画面

アニメーション

「Panel」に DMUIFramework の Animator をアタッチしています。カウントダウンのアニメーションを登場アニメーションとして用意し、レイヤーの登場と同時に自動的に再生するようにしています。

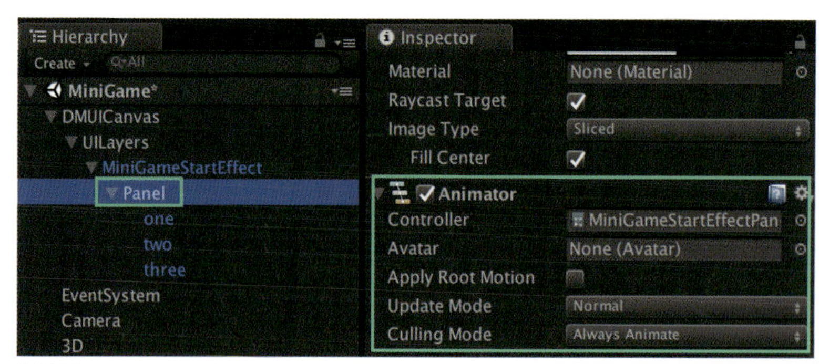

図 5-2-7 Animator のアタッチ

タッチ判定

プレイヤーの操作を受け付けないため、用意するものはありません。

「ゲームメイン画面」のレイアウト

ゲームメイン画面は、以下の要素で構成されています。

グラフィック構成

アルファベットのボタンは別途 UI の部品として用意するため、このレイアウトには仕込みません。アルファベットを配置するスペースを空け、画面上部にタイム表示と遊び方を表示するボタンを配置しています。

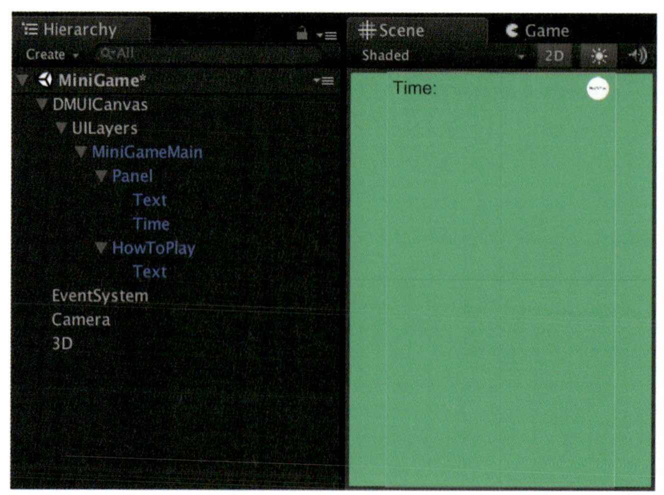

図 5-2-8 MiniGameMain.prefab 画面

アニメーション

このレイヤーにアニメーションはありません。

タッチ判定

遊び方を表示するための「HowToPlay」ボタンに、UITouchListener をアタッチしています。

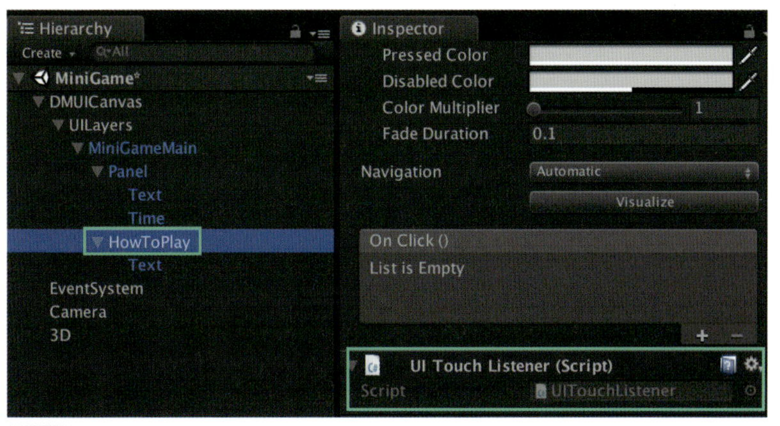

図 5-2-9 UITouchListener のアタッチ

「ゲームリザルト画面」のレイアウト

ゲームリザルト画面は、以下の要素で構成されています。

グラフィック構成

結果表示と各画面へ遷移するためのボタンを配置しています。ゲームメインの手前に表示するため、黒半透明の下地を配置しています。

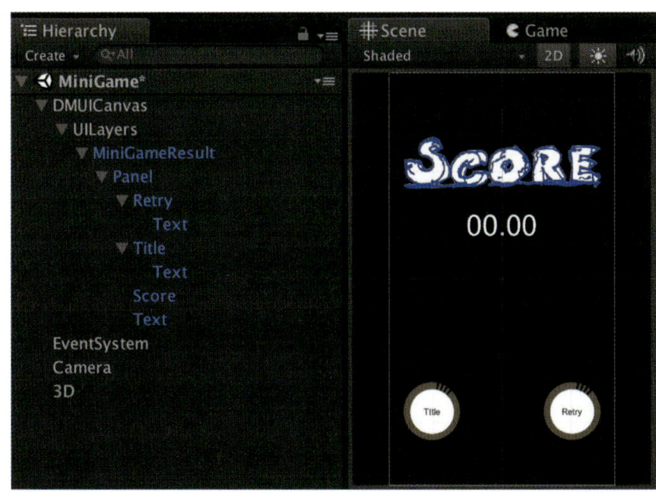

図 5-2-10 MiniGameResult.prefab 画面

アニメーション

登場アニメーションをするため、DMUIFramework の Animator を「Panel」へアタッチしています。

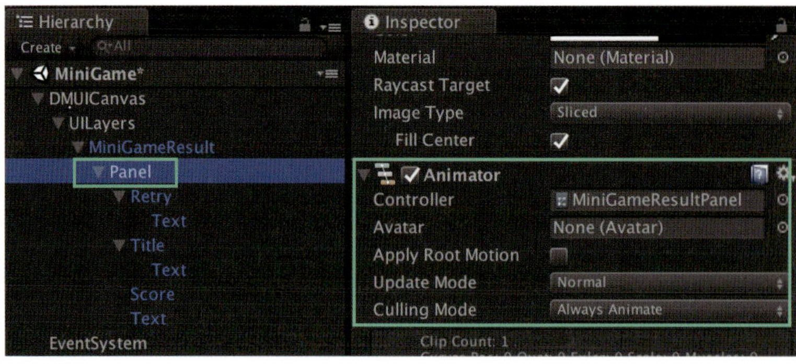

図 5-2-11 Animator のアタッチ

タッチ判定

リトライ用の「Retry」ボタンと、タイトル画面へ遷移する「Title」ボタンのそれぞれに UITouchListener をアタッチします。

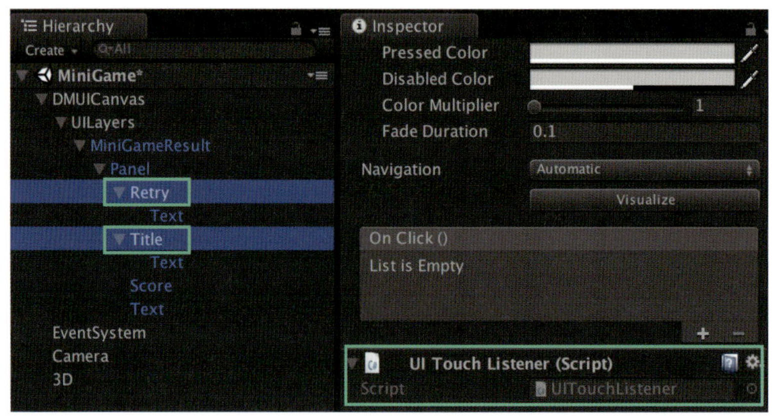

図 5-2-12 UITouchListener のアタッチ

「アルファベットボタン」のレイアウト

ゲーメイン画面に配置するアルファベットのボタンは、以下の要素で構成されています。

グラフィック構成

メインゲーム画面でアルファベットの数だけ複製することを前提とした、ボタンの最小構成です。

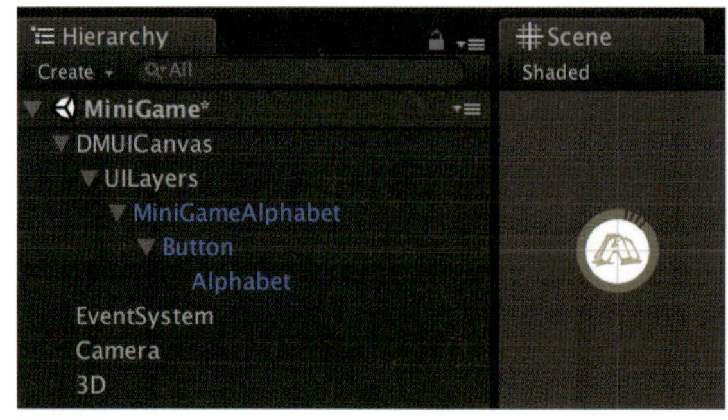

図 5-2-13 MiniGameAlphabet.prefab 画面

アニメーション

「MiniGameAlphabet」にアルファフェード用の Animation をアタッチします。ボタンが出現する際に、ソースコードからアニメーションを再生します。

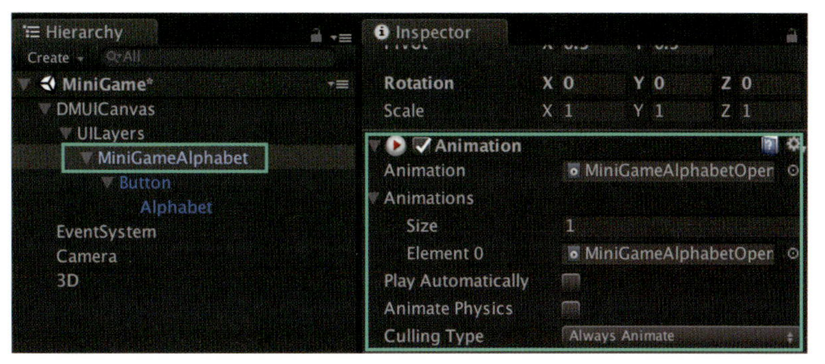

図 5-2-14 Animation のアタッチ

タッチ判定

「Button」に、UITouchListener をアタッチします。

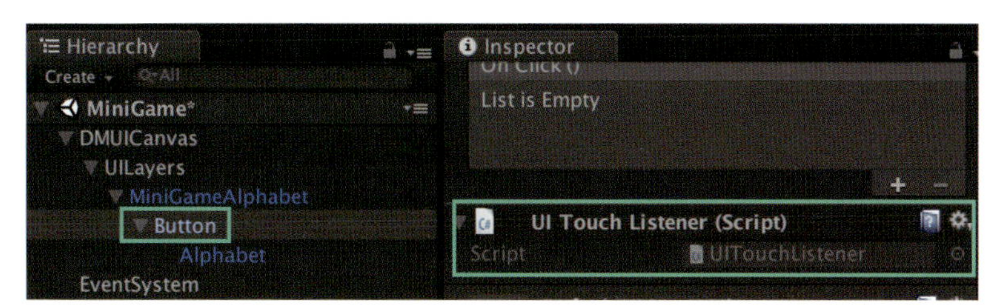

図 5-2-15 UITouchListener のアタッチ

5-3 ソースコードの実装（エンジニアパート）

エンジニアは、前節で UI/UX デザイナーが用意してくれたレイアウトデータを受け取り、ソースコードを実装してゲームを完成させます。その際に、画面遷移ごとに、どのようなレイヤー構成にすればよいのかを検討します。

Prefab の構造の確認

レイアウトデータは、UI/UX デザイナーが Unity の Prefab として作成しているため、ソースコードの実装に適した構成になっているとは限りません。たとえば、Hierarchy の構造、ゲームオブジェクトの名前、必要なコンポーネント、DMUIFramework の構成、画像の構成などです。そこでまずは Prefab を確認し、できるだけ構造を変えない程度に修正を行います。

このとき大事なことは、エンジニアが強い影響をもたらすと、はじめからエンジニアが作ったほうが早いという流れが生まれてしまい、レイアウトデータの作成自体もエンジニアのワークフローになってしまいます。こうなってしまうと、デザイナーとの作業の絡みも多くデザイナーのクリエイティブな実装の妨げになるため、コミュニケーションコストの増加とクオリティの低下につながります。

はじめのうちは不慣れなことは仕方ないこととして、レイアウトデータ制作の質の向上に注力することが大切です。そのためにも、できるだけ UI/UX デザイナーが、Unity での制作に注力できるようにフォローする体制や、Unity でやらなければならないことを減らしていくことも重要となります。

レイヤー構成の検討

ゲームの企画をもとにレイヤーの構成を考えます。レイアウトデータとなる Prefab ごとにレイヤーは分けることになりますが、画面の重なりからレイヤーのグループ構成を考えます。

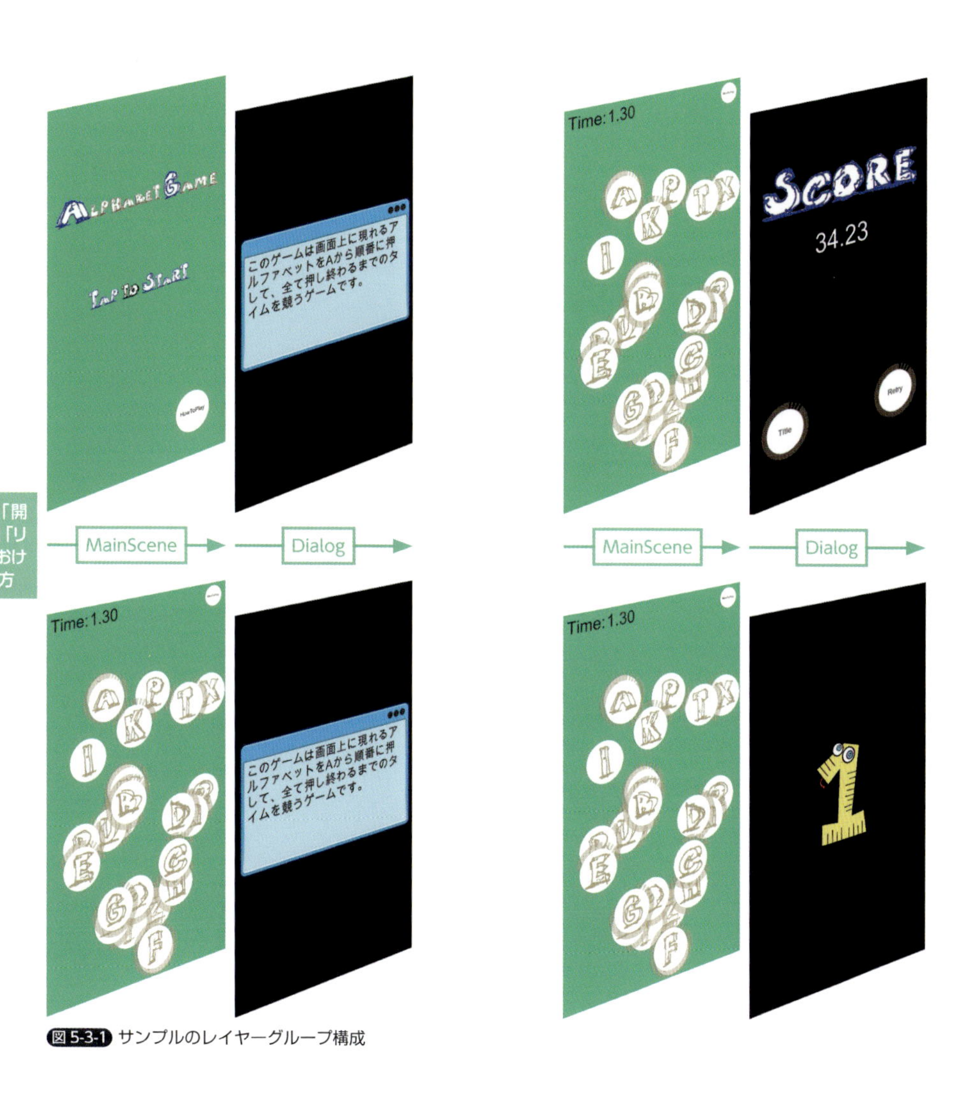

図 5-3-1 サンプルのレイヤーグループ構成

下地となる画面（UIGroup.MainScene）

「タイトル画面」「ゲームメイン画面」をMainSceneグループとします。

図 5-3-2 下地となる画面

上から重ねて表示（UIGroup.Dialog）

「遊び方画面」「開始前演出画面」「リザルト画面」をDialogグループとします。

図5-3-3 上から重ねて表示

今回のミニゲームの実装としては、下地となる画面はシーンの切り替わりとして扱い、UIControllerのReplace()を用いた画面切り替えを行うことにします。

ソースコードの構成

主に、前述の5-2節に解説したレイアウトデータをもとに生成するレイヤー、およびUIの部品を生成するクラスに加え、エントリーポイントとなるコンポーネントから構成しています。これらは、DMUIFrameworkを利用した際に形作られるソースコードの構成です。

表5-3-1 ソースコードの構成要素

グループ	ソースファイル	説明
コンポーネント	MiniGame.cs	エントリーポイント
レイヤー（UIBaseクラス継承）	UIMiniGameTitle.cs	「タイトル」画面
	UIMiniGameHowToPlay.cs	「遊び方」画面
	UIMiniGameMain.cs	「ゲームメイン」画面
	UIMiniGameStartEffect.cs	「開始前演出」画面
	UIMiniGameResult.cs	「ゲームリザルト」画面
UI部品（UIPartクラス継承）	PartMiniGameAlphabet.cs	ゲーム内のアルファベットボタン

エントリーポイント（MiniGame.cs）

DMUIFrameworkの初回処理となる外部機能の組み込みと、ゲームの初回表示となるタイトルのレイヤーを追加するためのコンポーネントです。MiniGameシーンのDMUICanvasゲームオブジェクトにアタッチしています。

このサンプルでは、サウンドに関する組み込みは行っていませんので、Implement()の第2引数はnullにしています。

リスト5-3-1 MiniGame.cs

```
public class MiniGame : MonoBehaviour {
    void Start () {
        UIController.instance.Implement(new PrefabLoader(), null, new 
FadeCreator());
        UIController.instance.AddFront(new UIMiniGameTitle());
    }
}
```

タイトルレイヤー（UIMiniGameTitle.cs）

タイトル画面で行うことは、メインとなるゲームへ遷移することと、ゲームの遊び方をポップアップで出すことです。それぞれはレイヤーとして用意するため、タイトルレイヤーで行うことはタッチ判定により、レイヤーの追加や置き換えを行うことです。

リスト5-3-2 UIMiniGameTitle.cs

```
public class UIMiniGameTitle : UIBase {
    public UIMiniGameTitle() : base("MiniGame/MiniGameTitle", UIGroup.MainScene) {
    }
    public override bool OnClick(string name, GameObject gameObject, PointerEventData 
pointer, SE se) {
        switch (name) {
            case "HowToPlay": {
                UIController.instance.AddFront(new UIMiniGameHowToPlay());
                return true;
            }
            case "Panel": {
                UIController.instance.Replace(new UIBase[]{ new UIMiniGameMain() });
                return true;
            }
        }
        return false;
    }
}
```

遊び方レイヤー（UIMiniGameHowToPlay.cs）

遊び方のポップアップで行うことは、タッチされたことでポップアップを閉じることです。ボタンは設置しないため、画面のどこかを押したことで閉じることにします。

また、背後の画面は表示するため、背後は表示する設定でUIGroup.Dialogとして手前のグループに所属させます。

リスト5-3-3 UIMiniGameHowToPlay.cs

```
public class UIMiniGameHowToPlay : UIBase {
    public UIMiniGameHowToPlay() : base("MiniGame/MiniGameHowToPlay", UIGroup.
Dialog, UIPreset.BackVisible | UIPreset.TouchEventCallable) {
    }
    public override bool OnTouchUp(string name, GameObject gameObject, 
PointerEventData pointer) {
        UIController.instance.Remove(this);
```

```
            return true;
        }
}
```

開始前演出レイヤー（UIMiniGameStartEffect.cs）

ゲームメイン画面の手前に配置するレイヤーですが、このレイヤーの役割は以下のとおりです。

・ゲームが始まる前に、カウントダウンの演出を行う

登場アニメーションを Prefab に仕込んでいることにより、レイヤーが画面上に現れると同時に演出が開始されます。

・演出中は背後にあるゲームメイン画面のタッチを切る

開始前演出レイヤーでは背後を表示しますが、押せない設定にしておきます。

・演出後にゲームの開始を行う

登場アニメーション終了後に呼び出される OnActive() で、イベントの発信を行いほかのレイヤーへ伝えます。そして、開始前演出レイヤーを削除して、ゲームを開始します。

リスト5-3-4 UIMiniGameStartEffect.cs

```
public class UIMiniGameStartEffect : UIBase {
    public UIMiniGameStartEffect() : base("MiniGame/MiniGameStartEffect", UIGroup.
Dialog, UIPreset.BackVisible) {
    }
    public override void OnActive() {
        UIController.instance.Dispatch("start", null);
        UIController.instance.Remove(this);
    }
}
```

ゲームメインレイヤー（UIMiniGameMain.cs）

ゲームメイン部分のロジックが含まれるレイヤーであるため、ほかのレイヤーと違い画面遷移以外の要素が多く含まれています。

初期処理

まずは、クラスのフィールド、コンストラクタ、OnLoaded() から確認していきます。

OnLoaded() で行っていることは、アルファベットのボタンとなる PartMiniGameAlphabet のインスタンスの生成です。ボタンは重なることが前提となるため、Z から奥に配置するようにループを回しています。

また、時間経過を左上に表示するため、あらかじめ Text コンポーネントを取得しておきます。最後にゲームの初期化処理となる Initialize() を呼び出します（リトライを考慮して初期化処理を Initialize() にまとめています）。

リスト5-3-5 UIMiniGameMain.cs

```
private const int AlphabetNum = 26;
private List<PartMiniGameAlphabet> m_alphabets = new List<PartMiniGameAlphabet>();
private int m_targetIndex = 0;     // 次に押すべきアルファベットのインデックス
private float m_erapsedTime = 0.0f;
private Text m_timeText;

public UIMiniGameMain() : base("MiniGame/MiniGameMain", UIGroup.MainScene) {
}

public override IEnumerator OnLoaded() {
    for (int i = AlphabetNum - 1; i >= 0; i--) {
        char a = GetAlphabetByIndex(i);
        m_alphabets.Add(new PartMiniGameAlphabet(this, a));
    }
    yield return UIController.instance.YieldAttachParts(this, m_alphabets.
ConvertAll<UIPart>(x => x));
    m_timeText = root.Find("Panel/Time").GetComponent<Text>();
    Initialize();
}
```

さらに、ゲームでは時間を計測し、常に表示更新する必要があるため、OnUpdate() により経過処理を行います。

リスト5-3-6 UIMiniGameMain.cs

```
public override void OnUpdate() {
    SetTimeText(m_erapsedTime + Time.deltaTime);
}

private void SetTimeText(float time) {
    m_erapsedTime = time;
    m_timeText.text = time.ToString("N2");
}
```

イベント受信時の処理

開始前演出から「start」を受け取ると、ゲームを開始する Start() を呼び出します。また、リトライについてもイベントを受け取り実装することを想定して、「retry」を受け取ると初期化処理 Initialize() を呼び出します。

リスト5-3-7 UIMiniGameMain.cs

```
public override void OnDispatchedEvent(string name, object param) {
    switch (name) {
        case "start": {
            Start();
            break;
        }
        case "retry": {
            Initialize();
            break;
        }
    }
```

```
}
```

Start()、Initialize() は、次のような処理を行います。

Initialize() では、アルファベットボタンの初期配置処理、開始演出レイヤーの追加、画面左上の時間表記を 0 に戻す処理を行います。

Start() では、scheduleUpdate を true にし、OnUpdate() を呼び出し続けることで経過時間のカウントを始めます。これと同時に、アルファベットボタンの登場処理を行います。

リスト5-3-8 UIMiniGameMain.cs

```
private void Initialize() {
    m_targetIndex = 0;
    SetTimeText(0.0f);
    UIController.instance.AddFront(new UIMiniGameStartEffect());
    for (int i = 0; i < m_alphabets.Count; i++) {
        m_alphabets[i].SetPosition(GetRandomPos());
    }
}

private void Start() {
    scheduleUpdate = true;
    for (int i = 0; i < m_alphabets.Count; i++) {
        m_alphabets[i].Open();
    }
}

private Vector2 GetRandomPos() {
    return new Vector2(Random.Range(-260, 260), Random.Range(-508, 408));
}
```

タッチ操作の処理

OnClick() で行うことは、HowToPlay ボタンが押されたら遊び方のウィンドウを表示することですが、タイトル画面での表示とは違い、ゲームの経過時間を止めることもします。そして、遊び方画面が閉じられた際に再度タッチ操作が可能となるため、OnRetouchable() により再度時間経過を進めます。

リスト5-3-9 UIMiniGameMain.cs

```
public override bool OnClick(string name, GameObject gameObject, PointerEventData
pointer, SE se) {
    switch (name) {
        case "HowToPlay": {
            scheduleUpdate = false;
            UIController.instance.AddFront(new UIMiniGameHowToPlay());
            return true;
        }
    }
    return false;
}

public override void OnRetouchable() {
    scheduleUpdate = true;
```

```
}
```

ゲーム終了判定の処理

最後に、アルファベットボタンを押した際のゲーム終了判定に使うCheck()を確認します。UIMiniGameMain.csとしてUIBaseからoverrideしたメソッド以外で、唯一publicであるメソッドになります。

PartMiniGameAlphabetから、次に押すべきアルファベットが正しいかどうかを判定するための処理を行います。Check()では、順番どおりにアルファベットが押されているかを判定します。

正しく押されていたら、次のアルファベットが押下ターゲットとなりtrueを戻り値とします。さらに、最後の「Z」である場合は、時間経過を止めてリザルト画面を表示します。

リスト5-3-10 UIMiniGameMain.cs

```
public bool Check(char alphabet) {
    if (alphabet != GetAlphabetByIndex(m_targetIndex)) {
        return false;
    }
    m_targetIndex++;
    if (m_targetIndex == AlphabetNum) {
        scheduleUpdate = false;
        UIController.instance.AddFront(new UIMiniGameResult(m_erapsedTime));
    }
    return true;
}

private char GetAlphabetByIndex(int index) {
    return (char)((int)'A' + (index));
}
```

リザルトレイヤー（UIMiniGameResult.cs）

かかった時間をスコアとして受け取り、結果をゲームメインのレイヤーの上から表示します。

OnLoaded()ではスコアを表示する処理を行い、OnClick()ではゲームのタイトルへ戻るか、ゲームをリトライするかの選択結果の処理を行います。リトライの場合は「retry」をイベント発信し、自レイヤーを削除することで、ゲームメイン画面でゲームを再開するために、開始前演出レイヤーを重ねるなどの初期化処理を行います。

リスト5-3-11 UIMiniGameResult.cs

```
public class UIMiniGameResult : UIBase {
    private float m_score;
    public UIMiniGameResult(float score) : base("MiniGame/MiniGameResult", UIGroup.
Dialog, UIPreset.BackVisible) {
        m_score = score;
    }

    public override IEnumerator OnLoaded() {
        Text score = root.Find("Panel/Score").GetComponent<Text>();
```

```
        score.text = m_score.ToString("N2");
        yield break;
    }

    public override bool OnClick(string name, GameObject gameObject,
    PointerEventData pointer, SE se) {
        switch (name) {
            case "Title": {
                UIController.instance.Replace(new UIBase[] { new UIMiniGameTitle()
    }, new UIGroup[]{ UIGroup.Dialog });
                return true;
            }
            case "Retry": {
                UIController.instance.Dispatch("retry", null);
                UIController.instance.Remove(this);
                return true;
            }
        }
        return false;
    }
}
```

アルファベットボタン（PartMiniGameAlphabet.cs）

アルファベットの数だけボタンを生成します。見た目の違いは表示するアルファベットしかないため、1つのUI部品のクラスとして実装しています。

初期処理

まずは、フィールド、コンストラクタ、OnLoaded()から確認します。

コンストラクタの引数は、Check()の呼び出しとしてUIMiniGameMainのインスタンスと、このボタンがどのアルファベットかというアルファベットのchar値を指定します。そしてOnLoaded()で、指定のアルファベットへ画像を切り替えます。

また、事前に「Button」ゲームオブジェクトのactiveをfalseとして初期状態は隠しておき、プレイヤーに配置を開始直前まで教えないようにします。なおrootは、DMUIFrameworkで設定を切り替えるため、子供のゲームオブジェクトのactiveを操作しています。

リスト5-3-12 PartMiniGameAlphabet.cs

```
private UIMiniGameMain m_main;
private char m_alphabet;

public PartMiniGameAlphabet(UIMiniGameMain main, char alphabet) : base("MiniGame/
MiniGameAlphabet") {
    m_main = main;
    m_alphabet = alphabet;
}

public override IEnumerator OnLoaded(UIBase uiBase) {
    root.SetParent(uiBase.root.Find("Panel"));
    root.localScale = Vector3.one;
```

```
    Transform alphabet = root.Find("Button/Alphabet");
    Image img = alphabet.GetComponent<Image>();
    img.sprite = Resources.Load<Sprite>("MiniGame/Images/" + m_alphabet.ToString());
    root.Find("Button").gameObject.SetActive(false);
    yield break;
}
```

ゲーム開始アニメーションの処理

UIMiniGameMain クラスから初期化処理やゲーム開始処理が行われるため、対応する処理を public メソッドとして実装しています。

Open() では、OnLoaded() で非表示にした「Button」の active を true にし、表示状態にします。

リスト5-3-13 PartMiniGameAlphabet.cs

```
public void SetPosition(Vector2 pos) {    // ランダムな位置が渡される
    root.localPosition = pos;
}

public void Open() {
    root.Find("Button").gameObject.SetActive(true);
    root.GetComponent<Animation>().Play();    // ゲーム開始と同時にアニメーションで登場
}
```

クリックの処理

最後に、クリックされたときの処理です。UIMiniGameMain の Check() を呼び出し、自身が押すべき対象のボタンかどうかをチェックします。対象のボタンである場合は、自身を非表示にします。

リスト5-3-14 PartMiniGameAlphabet.cs

```
public override bool OnClick(string name, GameObject gameObject, PointerEventData
pointer, SE se) {
    if (m_main.Check(m_alphabet)) {
        root.Find("Button").gameObject.SetActive(false);
    }
    return true;
}
```

エンジニア CHAPTER 6

UI フレームワークの作成手法

4 章では、UI フレームワーク「DMUIFramework」を使って、ゲームへの実装を行うための詳細を解説しました。この章では、UI フレームワークの設計者の視点で、DMUIFramework のソースコードの解説を行います。

設計側からの解説ではありますが、「DMUIFramework」を利用する際にも役立ちますので、実装の前に目を通しておくと理解が深まります。また、自社用の新規フレームワークの設計や実装を行う際の参考にもなるかと思います。

ここでは、「DMUIFramework」のメインとなる「レイヤー機能」「レイヤーの管理を行うコントローラー」、そしてレイヤーに紐づく「UI の部品機能」を中心に内部実装を紹介します。なお、すべてのソースコードは、DMUIFramework.unitypackage に含まれているので、実際にソースコードと照らし合わせながら読み進めることをお勧めします。

この章で学べること

- ▶「DMUIFramework」のクラスの構成と、主要なメソッドについて把握する
- ▶「DMUIFramework」のメインであるレイヤー機能がどのように実装されているかを理解する
- ▶ レイヤーの管理を行う「UIController クラス」により、レイヤーの追加／削除がどのように行われているのかを理解する
- ▶ レイヤー自体の役割を担う「UIBase クラス」がどのような挙動を行うかを理解する
- ▶ レイヤーに紐づく UI 部品である「UIPart クラス」の挙動を理解する

6-1 クラスの構成

ここでは、DMUIFramework が構成しているクラスを実装提供している機能と照らし合わせながら、関連するクラスの構成関係について解説します。

UI レイヤーの機能拡張

DMUIFramework はレイヤーとして UI を構築し、各レイヤーを拡張して組み合わせ

ることでシーンを構成します。

DMUIFramework の利用者は、UIBase クラス（UIBase.cs）を継承して、レイヤーの機能拡張を行うことが主な利用方法となります。そのクラスをもとに、レイヤーインスタンスを生成します。

UIBase クラスは、拡張の方針を示すことが主な役割であるため、virtual メソッドによるイベントの定義が多く存在します。

以降で、各クラスの役割などを紹介していきますが、まずは DMUIFramework の主要となるクラスの全体像を示しておきます。

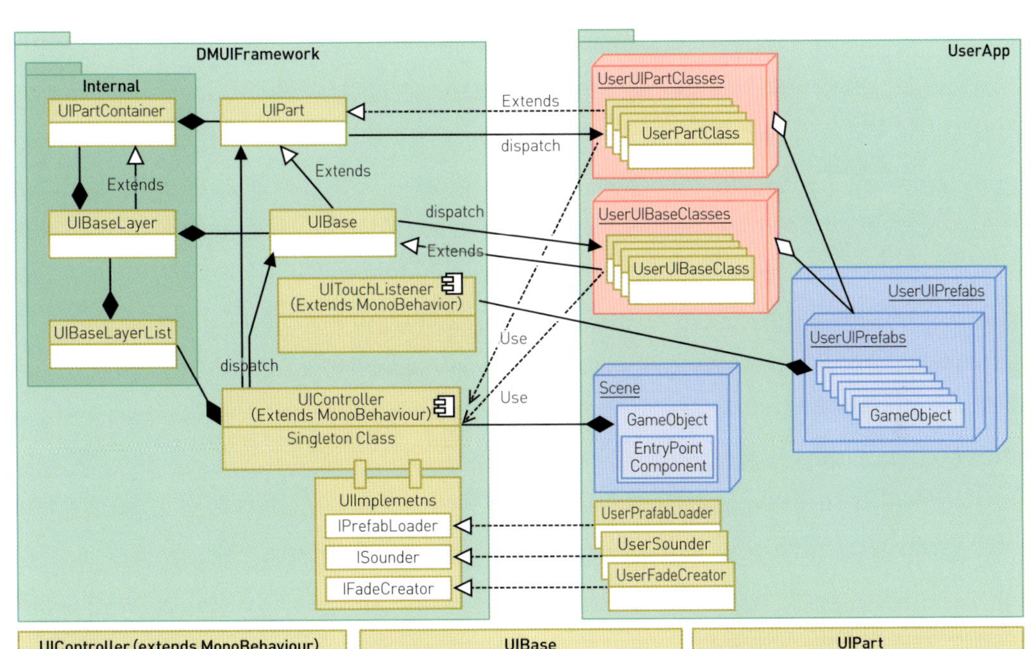

UIController (extends MonoBehaviour)

プロパティ
- \+ m_raycasters: GameObject[]
- \+ m_uiLayers: Transform
- \+ m_view3D: Transform

メソッド
- \+ Implement(IPrefabLoader, ISounder, IFadeCreator): void
- \+ AddFront(UIBase): void
- \+ Remove(UIBase): void
- \+ Replace(UIBase[], UIGroup[]): void
- \+ Dispatch(string, object): void
- \+ Back(): void
- \+ YieldAttachParts(UIBase, List<UIPart>): IEnumerator
- \+ AttachParts(UIBase, List<UIPart>): void
- \+ DetachParts(UIBase, List<UIPart>): void
- \+ SetScreenTouchable(UIBase, bool): void
- \+ HasUI(string): bool
- \+ GetFrontUINameInGroup(UIGroup): string+ GetUINumInGroup(UIGroup): int

UIBase

プロパティ
- \+ scheduleUpdate: bool
- \+ group: UIGroup
- \+ preset: UIPreset
- \+ bgm: string
- \+ visibleControllers: ListUIVisibleController

メソッド
- \+ BackVisible(): bool
- \+ BackTouchable(): bool
- \+ TouchEventCallable(): bool
- \+ SystemUntouchable(): bool
- \+ LoadingWithoutFade(): bool
- \+ ActiveWithoutFade(): bool+ View3D(): bool
- # AddRendererController(): void
- # AddVisibleBehaviourController(): void
- \+ *OnLoaded(): IEnumerator*
- \+ *OnUpdate(): void*
- \+ *OnLateUpdate(): void*
- \+ *OnRevisible(): void*
- \+ *OnRetouchable(): void*
- \+ *OnActive(): void*
- \+ *OnDispatchedEvent(string, object): void*
- \+ *OnBack(): bool*
- \+ *OnSwitchFrontUI(string): void*
- \+ *OnSwitchBackUI(string): void*

UIPart

プロパティ
- \+ root: Transform

メソッド
- \+ PlayAnimations(string, Action, bool): bool
- \+ *OnLoaded(UIBase): IEnumerator*
- \+ *OnClick(string, GameObject, PointerEventData, SE): bool*
- \+ *OnTouchDown(string, GameObject, PointerEventData): bool*
- \+ *OnTouchUp(string, GameObject, PointerEventData): bool*
- \+ *OnDrag(string, GameObject, PointerEventData): bool*
- \+ *OnDestroy(): void*

※「+」はpublicメソッド、「#」はprotectedメソッド、「斜体」はvitrualメソッド

図6-1-1 DMUIFramework のクラス図（ユーザーが利用するクラスのみ掲載）

UI レイヤーインスタンス

UIBase クラスは、レイヤー拡張の指針であるために、メソッドの実装は最小限です。

しかし、レイヤーとしての役割を果たすためには、指定された Prefab の読み込みや構築などの機能が必要です。

これらは利用者側からは使用しないように、UIBaseLayer クラス（UIBaseLayer.cs）に分けて実装しています。この UIBaseLayer インスタンスにより、UIBase のインスタンスが管理されレイヤーの役割を果たします。

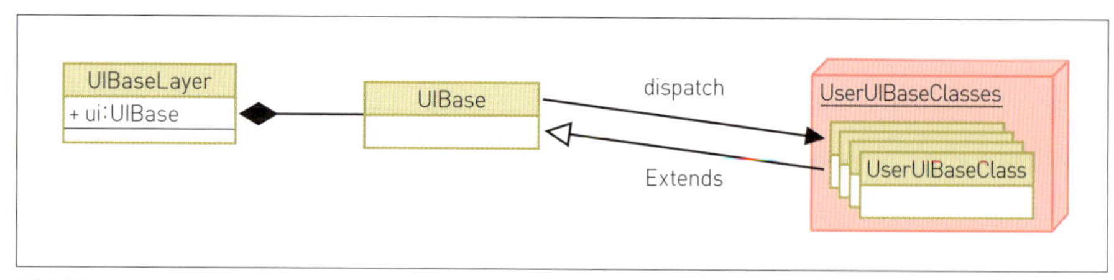

図 6-1-2 UIBaseLayer による UIBase の所有関係

コントローラーによる中枢処理

複数生成されたレイヤーは、コントローラーにより重なり順序などを管理します。このクラスがシングルトンのコンポーネントとして実装してある UIController クラス（UIController.cs）です。

UIController コンポーネントが UIBaseLayer インスタンスを管理し、レイヤーの追加や削除、重なり制御などの多くの機能を担います。この UIBaseLayer インスタンスの管理に特化させた処理を、UIBaseLayerList クラス（UIBaseLayerList.cs）に分割して実装しています。

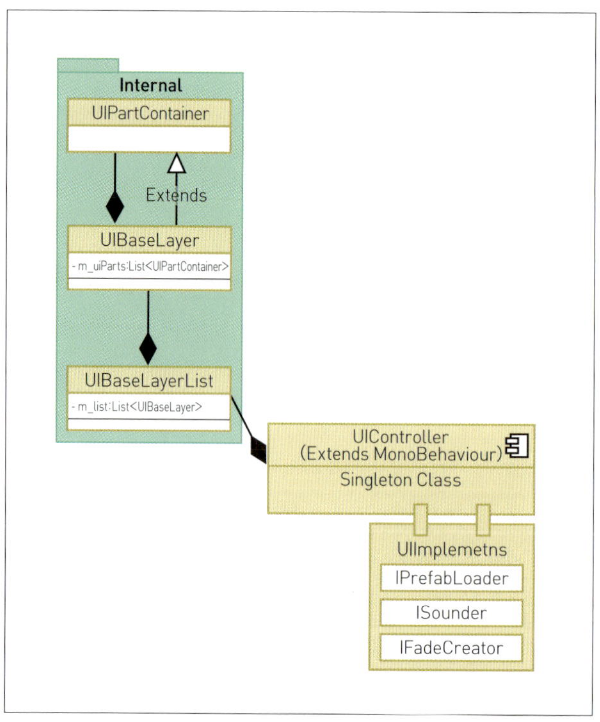

図 6-1-3 UIController による複数の UIBaseLayer インスタンスの管理

UI の部品

レイヤー同様に、UI 部品でも機能を拡張していくことが利用の方針です。UIPart クラス（UIPart.cs）がレイヤーの UIBase クラスと同等の役割を持っており、利用者は UIPart クラスを継承して UI の部品の機能を拡張します。

また、レイヤーと部品において共通となる処理（アニメーション再生など）や、拡張対象の virtual メソッド（クリック時の処理など）が存在するため、UIBase クラスは UIPart を継承しています。

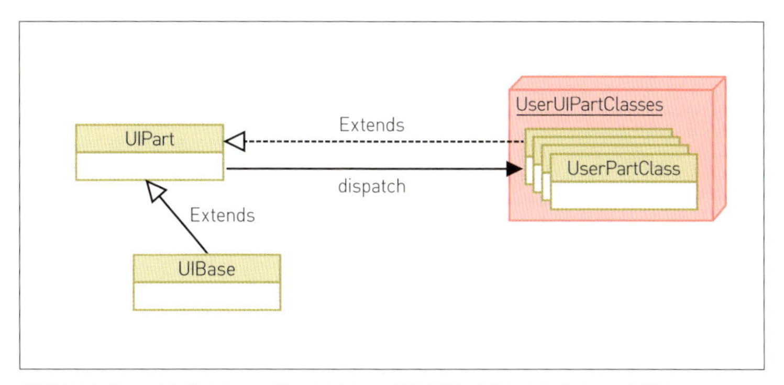

図 6-1-4 UIPart と実装するユーザークラスとの継承関係。UIPart は UIBase を継承

これは UIBaseLayer クラスでも同様であり、Prefab を読み込み生成する処理など、レイヤーと部品においても共通となる処理は存在しているため、UIBaseLayer でも UIPart インスタンスを管理するクラスである UIPartContainer クラス（UIPartContainer.cs）を継承しています。

さらに、UI の部品はレイヤーに所属することになるため、複数の部品はレイヤーが管理しています。そのため UIBaseLayer インスタンスは、UIPartContainer インスタンスを複数保有します。

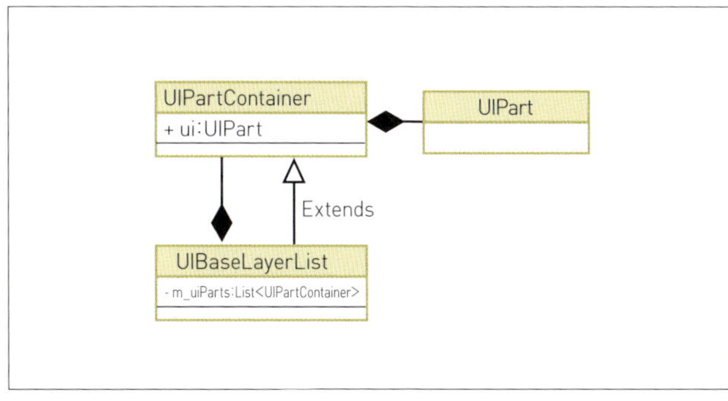

図 6-1-5 UIPartContainer による UIPart の所有関係と UIBase と UIPart の継承関係

タッチ判定用コンポーネント

DMUIFramework では、ボタンなどタッチ判定を取るゲームオブジェクトに対して、UITouchListener コンポーネント（UITouchListener.cs）をアタッチするルールです。

レイヤー生成時、および UI の部品で Prefab を読み込んだ際に、UITouchListener インスタンスを回収し、当たり判定の排他制御に使用します。この回収は、UIPartContainer

クラスによって実装しています。

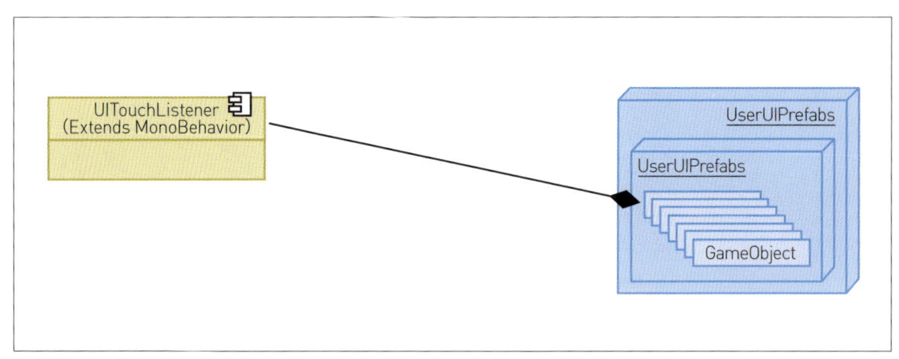

図 6-1-6 UIPartContainer による複数の UITouchListener インスタンスの管理

また、UITouchListener クラスを継承した UILayerTouchListener クラス（UILayerTouchListener.cs）が存在しますが、これはレイヤー全体の当たり判定を取得する際に使用しています。

イベントのキュー管理

DMUIFramework では、タッチ判定とイベント発信においてイベントのデータを一度キューに溜め込み、1Update 毎にキューに溜まったイベントを処理します。このイベントを TouchEvent クラス（UIEvents.cs）、DispatchedEvent クラス（UIEvents.cs）としてデータを保持します。

アニメーションステート

DMUIFramework のレイヤーのアニメーション管理は、OriginalUIAnimator.controller によってデフォルトのステート遷移を設定しています。このステートの情報取得のため、各ステートにあらかじめ UIStateBehaviour コンポーネント（UIStateBehaviour.cs）をアタッチしています。

表示物設定

DMUIFramework では、レイヤー背後の表示を切り替える処理がありますが、その表示物は uGUI では UnityEngine.UI.Graphic クラス、3D では UnityEngine.Renderer クラスを継承しているコンポーネントが操作対象になります。

ただし「Terrain」など、3D 表示だが UnityEngine.Renderer クラスを継承していない場合は、別途対象にする必要があります。この対象を追加する操作は、UIVisibleController クラス（UIVisibleController.cs）に実装しています。

外部機能追加

Prefab の読み込み機能（IPrefabLoader インターフェース）、音再生機能（ISounder インターフェース）、フェードレイヤー生成（IFadeCreator インターフェース）機能は、DMUIFramework では外部での実装を要求しています。これらの機能を組み込むため、

UIImplements クラス（UIImplements.cs）を定義しています。

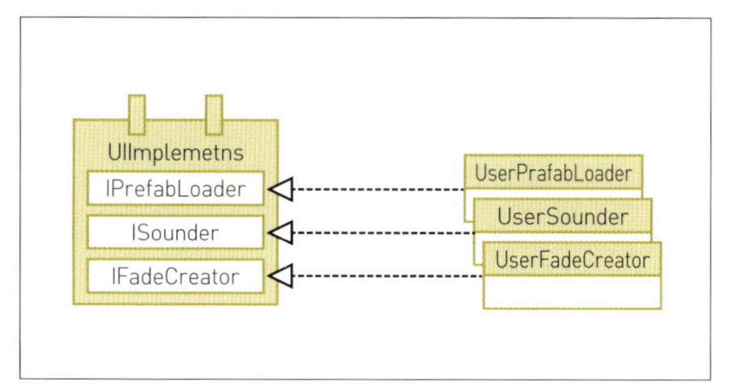

図6-1-7 UIImplements による外部機能の追加

また、フェードレイヤーとなるクラスの基底クラスとして定義してある UIFade クラス（UIFade.cs）が存在します。

グループの定義

DMUIFramework では、レイヤーをグルーピングして管理する仕組みがあります。これには、UIGroup の enum（UIGroup.cs）にパラメータを追加する想定です。

さらに、バックキーが押された際の対応を定義する UIBackable クラスや、フェード対象の定義である UIFadeTarget クラス、UIFadeThreshold クラスも同様に UIGroup のパラメータ追加対象となります。

COLUMN C++ における friend クラス

「Cocos2d-x/C++」で制作したダビマスでは、UIBase クラスと UIBaseLayer クラスは別れておらず、UIBase クラスに UIBaseLayer クラスの機能を統合したクラス設計でした。これは筆者がよく使う設計のパターンとして、管理する側（UIController）は管理される側（UIBase）の friend クラスとし、private メソッドとして UIBaseLayer クラスで実装するような読み込み処理などを実装していました。

「Unity/C#」では、DMUIFramework の利用者が触ることのない処理という線引きで、UIBase クラスと UIBaseLayer クラスに分離しています。

6-2 レイヤー機能

DMUIFramework の利用では、レイヤーの機能拡張をベースとしてゲームの機能の拡充を行っていくことになります。ここでは、そのレイヤーの内部実装を解説します。

UIBase と UIBaseLayer の関連性

UIBase クラスを継承して新規クラスを作成する際に、主に UIBase に関連して行うべきことは、次の 2 点です。

- コンストラクタにおいて基底クラスへパラメータを渡すこと（また、表示操作対象を追加すること）
- UIBase/UIPart クラスで定義した virtual メソッドをオーバーライドして、各イベント発生時に行う処理を実装すること

このため UIBase では、パラメータ設定と virtual メソッドの定義が主な役割となりますが、それ以外にもレイヤーとして持つべき機能に Prefab の読み込み処理など、多くの機能があります。また、C# では C++ の friend 機能がないため、ほかクラスからアクセスする際は public メソッドにする必要があります。

そこで、レイヤーに関する処理では、DMUIFramework の利用者へ提供する機能は UIBase クラスへ実装、それ以外のレイヤーの処理は UIBaseLayer クラスへと処理を分離しています。

イベント駆動による実装理念

レイヤーの機能を拡充していく際は、UIBase の各 virtual メソッドをオーバーライドします。このように DMUIFramework から処理を呼び出すことで、DMUIFramework から利用者へと単方向の関係性となります。この時、利用者がレイヤーの機能を利用しようと UIBase クラスのメソッドを呼び出した場合は、双方向の関係性になり密な結合が生まれてしまいます。

こういった場合には、不具合の特定に時間がかかるなどの問題が起こるため、単方向の関係性にしています。これにより、処理責任の分担が明確になります。UIBase を継承した際に使用できる public メソッドは、次の 2 つです。

・Destroy() メソッド

UIBaseLayer から呼び出すため、public にしています。利用者は使用することがないメソッドです。

・PlayAnimations() メソッド

Animator のほかのステートのアニメーションへ切り替えるメソッドです。UIController から呼び出すため、public にしています。このメソッドは、利用者も使用しても問題ありません。

UIBaseLayer によるレイヤーのステート

レイヤーインスタンスは、UIController の AddFront()、および Remove() を使用することで、1 つのライフサイクルが回ります。

このライフサイクルでは、レイヤーは自身のステートを持つことで UIController でのレイヤー管理を行いやすくしています。このステートは、UIController クラスでも参照する値のため、UIController クラスと UIBaseLayer クラスは密な結合をしています。

以下に紹介するレイヤーのステートは、UIBaseLayer.cs で State としてのパラメータになります。このステートは上から変化していき、遡ることはありません。

・InFading ステート

画面がフェードアウト中、またはフェードアウトすることが確定している場合、フェードが完了して画面が隠れるのを待つ状態です。レイヤーが最初に行う読み込みと生成は負荷が高く、画面がカクつくことが多いため、このステートで待ちます。

・Loading ステート

読み込み、インスタンスの生成中です。UIBase クラスの OnLoaded() 内の処理も、このステートに含まれます。

・Adding ステート

読み込みが完了し、見た目が構築し終わった状態です。あとは、画面上に追加されようとしている状態です。

・InAnimation ステート

登場アニメーションを再生している状態です。設定していなければ、このステートにはなりません。

・Active ステート

レイヤーがプレイヤーによって、操作可能な状態です。

・OutAnimation ステート

退場アニメーションを再生している状態です。設定していなければ、このステートにはなりません。

・OutFading ステート

画面がフェードアウト中、またはフェードアウトすることが確定している場合、フェードが完了して画面が隠れるのを待つ状態です。このあとにレイヤーの削除処理が走るため、画面が崩れることを考慮して画面が隠れるのを待ちます。

・UselessLoading ステート

読み込み中の時にレイヤー自体が削除されることが決定した場合、このステートに遷移します。安全を考慮して、読み込み完了を待って削除します。

・Removing ステート

削除待ちの状態です。

このレイヤーの状態によって、「レイヤーの表示／非表示」「タッチ可／不可」が決定されます。この管理は、StateFlags クラス（UIBaseLayer.cs）によって状態を指定します。

リスト6-2-1 UIBaseLayer.cs（一部）

```
public class StateFlags {
    public readonly bool touchable;
    public readonly bool visible;
    public StateFlags(bool t, bool v) {
        touchable = t;
        visible   = v;
    }
    public static readonly Dictionary<State, StateFlags> map = new Dictionary<State,
StateFlags> () {
        { State.None          , new StateFlags (false, false) }, // ←new StateFlags
(「タッチ可/不可」、「表示/非表示」)を指している

        { State.InFading      , new StateFlags (false, false) },
        { State.Loading       , new StateFlags (false, false) },
        { State.Adding        , new StateFlags (false, false) },
        { State.InAnimation   , new StateFlags (false, true ) },
        { State.Active        , new StateFlags (true , true ) },
        { State.OutAnimation  , new StateFlags (false, true ) },
        { State.OutFading     , new StateFlags (false, true ) },
        { State.UselessLoading, new StateFlags (false, false) },
        { State.Removing      , new StateFlags (false, false) },
    };
}
```

この状態管理から、タッチ可であるステートは Active の時しかありません。また表示しているのは、InAnimation ～ OutFading までと各状態をコードから目視することができます。この変遷は、UIController クラスの処理により変更されます。この詳細な挙動は、次の 6-3 節で詳しく解説します。

UIBaseLayer による読み込み処理

レイヤーの読み込み、および構築処理は、UIBaseLayer クラスの Load() で行われます。

リスト6-2-2 UIBaseLayer.cs（一部）

```
public IEnumerator Load() {
    // ①状態チェック、読み込む必要性があるときはPrefabの読み込みを行う
    if (!ProgressState(State.Loading)) {
        ProgressState(State.Removing);
        yield break;
    }
    if (!string.IsNullOrEmpty(ui.prefabPath)) {
        PrefabReceiver receiver = new PrefabReceiver();
        yield return UIController.implements.prefabLoader.Load(ui.prefabPath,
receiver);
        m_prefab = receiver.prefab;
    }
```

```
    // ②Prefabをもとにゲームオブジェクトの生成、シーンのヒエラルキーへ追加
    m_origin = new GameObject(ui.name);
    SetupStretchAll(m_origin.AddComponent<RectTransform>());
    m_origin.transform.SetParent(m_parent, false);
    GameObject g = null;
    if (m_prefab != null) {
        g = GameObject.Instantiate(m_prefab) as GameObject;
        g.name = m_prefab.name;
    } else {
        g = new GameObject("root");
        SetupStretchAll(g.AddComponent<RectTransform>());
    }
    ui.root = g.transform;
    Transform parent = ui.View3D() ? UIController.instance.m_view3D : m_origin.
transform;
    ui.root.SetParent(parent, false);
    ui.root.gameObject.SetActive(false);

    // ③UIBaseクラスのOnLoaded()の呼び出し
    yield return ui.OnLoaded();

     // ④最終的なゲームオブジェクトの構成をもとに必要な準備を施す
    Setup();

    // ⑤読み込み完了後のステート変更
    if (m_state != State.Loading) {
        ProgressState(State.Removing);
        yield break;
    }
    ui.root.gameObject.SetActive(true);
    ProgressState(State.Adding);
}
```

以下で、各処理の詳細を解説します。

①状態チェック、および読み込む必要性があるときは Prefab の読み込みを行う

レイヤーの読み込みが発生する前に、レイヤーが削除されるということもあり得るため、あらかじめ ProgressState() というステート進捗処理メソッドを用いて、Loading のステートへ進めるかどうかをチェックします。Loading のステートへ進めず Prefab を読み込む必要がなければ、Removing ステートに変更して終了します。読み込み処理は、外部機能である IPrefabLoader を経由して行います。

② Prefab をもとにゲームオブジェクトの生成と、シーンのヒエラルキーへ追加

①で読み込んだ Prefab をもとに Instantiate() で生成しますが、Prefab から生成したゲームオブジェクト以外にも、レイヤー全体の当たり判定用などのゲームオブジェクトもあとで追加するため、Prefab から生成したゲームオブジェクトの親に UIBase クラスを継承したクラス名のゲームオブエジェクト（m_origin）を生成して、ヒエラルキーに追加します。

このとき、今後の表示まわりの処理を行う際に画面が崩れないように、active を false

にして隠しています。

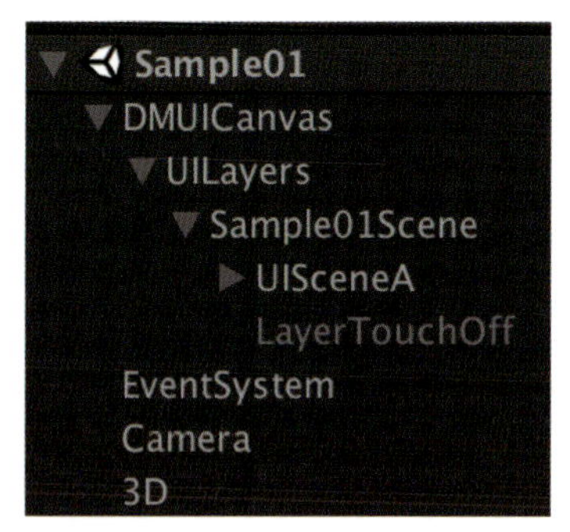

図6-2-1 Sample01 シーンにおける UISceneA の Prefab から形成したレイヤー

また 3D レイヤーを考慮し、親となるゲームオブジェクトを切り替えています。2D である場合は「UILayers」が親に、3D である場合は「3D」が親となります。

③ UIBase クラスの OnLoaded() の呼び出し

UIBase クラスの継承先で実装している OnLoaded() が呼び出されます。ここでは、通信処理や UI の部品の読み込みなどの長い処理があることを想定し、yield return により複数フレームへの処理分散を行います。

④最終的なゲームオブジェクトの構成をもとに必要な準備を施す

Setup() の呼び出しを行いますが、Setup() で行っている内容は以下のとおりです。

リスト6-2-3 UIBaseLayer.cs（一部）

```
private void Setup() {
    m_touchOff = CreateTouchPanel("LayerTouchOff");
    m_touchOff.SetActive(false);
    m_touchOff.transform.SetParent(m_origin.transform, false);
    GameObject touchArea = null;
    if (ui.TouchEventCallable()) {
        touchArea = CreateTouchPanel(UIController.LayerTouchAreaName);
        UILayerTouchListener listener = touchArea.AddComponent<UILayerTouchListen
er>();
        listener.SetUI(this, this.ui);
        touchArea.transform.SetParent(m_origin.transform, false);
    }
    GameObject systemTouchOff = null;
    if (ui.SystemUntouchable()) {
        systemTouchOff = CreateTouchPanel("SystemTouchOff");
        systemTouchOff.transform.SetParent(m_origin.transform, false);
    }
    List<GameObject> innerIndex = new List<GameObject>() {
        systemTouchOff,
        touchArea,
        ui.root.gameObject,
        m_touchOff,
    };
```

```
    int index = 0;
    for (int i = 0; i < innerIndex.Count; i++) {
        if (innerIndex[i] != null) { innerIndex[i].transform.
SetSiblingIndex(index++); }
    }
    CollectComponents(ui.root.gameObject, this);
}
```

この処理で行うことは、CreateTouchPanel() というメソッドを経由して、レイヤー全体のタッチに関するゲームオブジェクトを 3 種類生成し、②で生成した「m_origin」の配下へ追加します。

・LayerTouchOff オブジェクト

レイヤー自体のタッチを無効にするためのゲームオブジェクトです。前面のレイヤーが背面のタッチを無効にする場合、このゲームオブジェクトにより、タッチを無効化します。

・LayerTouchArea オブジェクト

レイヤー全体のタッチ判定をとるためのゲームオブジェクトです。UILayerTouchListener コンポーネントがアタッチされています（UIController.LayerTouchAreaName として定義）。

・SystemTouchOff オブジェクト

レイヤーのタッチを無効にするためのゲームオブジェクトです。UIFade で指定してある UIPreset.SystemIndicator を指定した場合は、こちらを使用します。

これらのゲームオブジェクトは、上から順に手前になるようヒエラルキーの順序を設定しています。

① LayerTouchOff オブジェクト
② prefab から生成したレイヤー
③ LayerTouchArea
④ SystemTouchOff

このため、LayerTouchOff と SystemTouchOff の違いは、自身のレイヤー自体がタッチオフであるか、または自身のレイヤーはタッチ可ではあるが、それより背後のレイヤーはタッチを通さないかです。

LayerTouchOff ゲームオブジェクトは、フィールド「m_touchOff」が参照を保持します。これにより、前面のレイヤーが背面のタッチを不可とする場合には、タッチ操作を無効にするために LayerTouchOff ゲームオブジェクトの active を操作します。

リスト6-2-4 UIBaseLayer.cs（一部）

```
public void SetTouchable(bool enable) {
    if (m_touchOff == null) { return; }
    m_touchOff.SetActive(!enable);
}
```

m_touchOff がアクティブであると、このレイヤーはタッチ操作が切られます。また、Setup() の最後に UIPartContainer クラスで実装している CollectComponents() を呼び出しています。

リスト6-2-5 UIPartContainer.cs（一部）

```
protected void CollectComponents(GameObject target, UIBaseLayer layer) {
    m_listeners = target.GetComponentsInChildren<UITouchListener>();
    for (int i = 0; i < m_listeners.Length; i++) {
        m_listeners[i].SetUI(layer, m_ui);
    }
    Animator[] animators = target.GetComponentsInChildren<Animator>();
    m_ui.animators = animators;
}
```

この処理では、レイヤーを形成しているゲームオブジェクトに仕込まれた UITouchListener コンポーネントと Animator をあらかじめ回収しておき、タッチ判定の排他制御、レイヤーアニメーションの再生に用います。

⑤読み込み完了後のステート変更

Load() はコルーチンによる処理であるため、読み込み完了までの期間に、レイヤーの削除などほかの処理によってステートが変更されている可能性があります。ステートが変更されている場合は削除へ向かい、そうでなければ画面に登場するのを待ちます。

Prefab から Instantiate() した際に active を false にしていましたが、ここで true に切り替えています。

6-3 UIControllerによる中枢処理

UIControllerは、レイヤーの管理を行うことが主な役割であるクラスです。UIController自体はシングルトンのコンポーネントであるため、publicで実装してあるメソッドではどこからでも、どのタイミングからでも呼び出される処理であることが前提となります。これらを踏まえ、実装されている機能の解説を行います。

レイヤーの追加

レイヤーの追加は、UIBaseを継承したクラスのインスタンスが渡されて行われます。

リスト6-3-1 UIController.cs（一部）

```
public void AddFront(UIBase ui) {
    if (ui == null) { return; }

    // ①UIBaseLayerを通しレイヤーを生成し、フェードが必要なければ読み込みを開始する
    UIBaseLayer layer = new UIBaseLayer(ui, m_uiLayers);
    if (layer.ui.LoadingWithoutFade()) {
        StartCoroutine(layer.Load());
    }

    // ②画面をフェードさせる必要があればフェードを開始する
    if (ShouldFadeByAdding(ui)) {
        FadeIn();
    }

    // ③リストへ追加し管理する
    m_addingList.Add(layer);
    m_uiList.Insert(layer);
}
```

以下で、各処理の詳細を解説します。

① UIBaseLayerを通しレイヤーを生成して、フェードが必要なければ読み込みを開始する

UIBaseのインスタンスをもとに、UIBaseLayerのインスタンスを生成します。このとき、レイヤーで設定されているUIPresetの設定（LoadingWithoutFade()）で、フェードによって隠すか隠さないかをチェックします。

隠さない場合は、フェードアウトを待たずに読み込みを開始します。

②画面をフェードさせる必要があれば、フェードを開始する

続いてもフェードを行うかどうかのチェック（ShouldFadeByAdding()）を行いますが、前述の「6-1 クラスの構成」の最後の「グループの定義」で解説したグループの定義によって、設定されたフェードなのかどうかをチェックします。

フェードで画面を隠す必要性があれば、フェードを開始します。

③リストへ追加し管理する

最後に、レイヤーを管理するリストであるフィールド「m_uiList」へ追加します。m_uiList は、UIBaseLayerList クラスで UIBaseLayer インスタンスの管理を行います。UIBaseLayerList については、次の節で紹介します。

同時に、フィールド m_addingList（List<UIBaseLayer> 型）へも追加します。m_addingList は、レイヤーが画面上に登場するまで保持し管理します。

UIBaseLayerList によるレイヤー管理

UIBaseLayerList クラスは、UIBaseLayer インスタンスの管理に特化したクラスです。DMUIFramework では、レイヤーの前後関係、およびレイヤーのグルーピングを行っていますので、追加時はレイヤーを指定順序になるように差し込むなどの処理を UIBaseLayerList クラスが肩代わりします。

リスト6-3-2 UIBaseLayerList.cs（一部）

```
public void Insert(UIBaseLayer layer) {
    int index = FindInsertPosition(layer.ui.group);
    if (index < 0) {
        m_list.Add(layer);
    } else {
        m_list.Insert(index, layer);
    }
}
```

このリストは、レイヤー追加時に行う Insert() の処理ですが、グループをもとにレイヤーのどの位置に挿入するかを求め（FindInsertPosition()）、フィールド m_list（List<UIBaseLayer> 型）へ追加します。

UIBaseLayerList クラスには、このメソッドのように「リストから抜き取る」「挿入位置の決定」「レイヤーの検索」「リストをループして処理」などの機能が備わっています。

レイヤーの削除

レイヤーの削除は、すでに追加済みの UIBase のインスタンスを受け取り削除します。

リスト6-3-3 UIController.cs（一部）

```
public void Remove(UIBase ui) {
    if (ui == null) { return; }

    // ①削除対象を検索してレイヤーを終了へ向かわせ、削除リストに追加する
    UIBaseLayer layer = m_uiList.Find(ui);
    if (layer != null && layer.Inactive()) {
        m_removingList.Add(layer);
    }

    // ②画面をフェードさせる必要があれば、フェードを開始する
    if (ShouldFadeByRemoving(ui)) {
        FadeIn();
    }
```

```
}
```

以下で、各処理の詳細を解説します。

①削除対象を検索してレイヤーを終了へ向かわせ、削除リストに追加する

レイヤーを管理している m_uiList から、削除対象のレイヤーを探します。見つかれば、そのレイヤーは退場アニメーションなどの削除へ向かう処理である Inactive() を実行し、フィールド m_removingList（List<UIBaseLayer> 型）に追加します。

m_removingList は、削除対象になったレイヤーがリストから外れるまで保管し管理します。

②画面をフェードさせる必要があれば、フェードを開始する

レイヤー追加時と同様に、削除対象のレイヤーが所属する UIGroup をもとに、フェードを行って画面を隠すかどうかを決定し実行します。

レイヤー増減のポーリング監視：全体俯瞰

レイヤーの追加や削除は、それぞれフィールド m_addingList、フィールド m_removingList にレイヤーの参照を保持します。レイヤー自体は UIBaseLayerList であるフィールド m_uiList が保持しますが、レイヤーの追加（AddFront()）、削除（Remove()）が実行されてから、画面への表示までに必要な処理をすぐに行いません。

もし、画面への表示までに必要な処理を即座に行った場合、UIController がシングルトンのコンポーネントであることも合間って、状況によっては、同じレイヤーに対して追加や削除が同時に指定されることがあり、追加や削除の処理が複雑に絡んで予期しない処理順序となり、思わぬバグが発生しやすくなります。

そこで、UIController の Update() により定期的にレイヤーを監視し、必要に応じて追加や削除時の処理をまとめて行うようにしています。また、一度処理の間を空けることで、フェードにより画面が隠れた際に行うなど、タイミングを見計らうことにも一役買っています。

リスト6-3-4 UIController.cs（一部）

```
private void Update() {
    // ①各レイヤーのOnUpdate()呼び出し、タッチイベント、イベント発信の処理
    m_uiList.ForEachOnlyActive(layer => {
        if (layer.ui.scheduleUpdate) {
        layer.ui.OnUpdate();
        }
    });

    RunTouchEvents();
    RunDispatchedEvents();

    // 追加レイヤーへの処理（「レイヤー増減のポーリング監視：レイヤーの追加」参照）
    bool isInsert = Insert();

    // 削除レイヤーへの処理（「レイヤー増減のポーリング監視：レイヤーの削除」参照）
    bool isEject  = Eject();
```

```
        if (isEject || isInsert) {
            // 追加、削除によるレイヤーの整理(「レイヤー増減のポーリング監視：追加、削除によるレイヤーの整理」参照)
            RefreshLayer();
            // ②レイヤーの追加、削除に応じた処理実行
            if (isEject && IsHidden()) {
                Unload();
            }
            if (m_addingList.Count == 0 && m_removingList.Count == 0) {
                PlayBGM();
                FadeOut();
            }
        }
}
```

ここでは、Update() の始まりと終わりの処理だけを解説し、中盤で行うレイヤーの追加や削除については、この後の「レイヤー増減のポーリング監視：レイヤーの追加」「レイヤー増減のポーリング監視：レイヤーの削除」「レイヤー増減のポーリング監視：追加、削除によるレイヤーの整理」で解説します。

①各レイヤーの OnUpdate() の呼び出し、タッチイベント、イベント発信の処理

まずは、各レイヤーで実装できる UIBase クラスの OnUpdate() 処理を行い、続けてタッチイベント（RunTouchEvents()）、イベント発信（RunDispatchedEvents()）の処理を行います。それぞれの詳細な解説は、以降で行います。

②追加、削除に応じた処理実行

主に、以下の 2 つの項目を行っています。

- ・レイヤーが削除されている状況であれば、リスト 6-3-5 の Unload() を呼び出し、不要になったリソースを解放する
- ・追加予定、削除予定のレイヤーがない時は現存のレイヤーに沿った BGM の切替、画面がフェードによって隠れている場合はフェードインを行う

リスト6-3-5 UIController.cs (一部)

```
private void Unload() {
    System.GC.Collect();
    Resources.UnloadUnusedAssets();
}
```

レイヤー増減のポーリング監視：レイヤーの追加

Insert() によって、m_addingList にあるレイヤーの追加処理を行います。

リスト6-3-6 UIController.cs（一部）

```
private bool Insert() {
    bool isInsert = false;
    if (m_addingList.Count <= 0) { return isInsert; }

    // ①リストの中身を移し、m_addingListを空にし、追加対象のレイヤーを走査する
    List<UIBaseLayer> list = m_addingList;
    m_addingList = new List<UIBaseLayer>();
    bool isFadeIn = IsFadeIn();
    for (int i = 0; i < list.Count; i++) {
        UIBaseLayer layer = list[i];

        // ②フェードの状況をチェックし、読み込みを開始する
        if (!isFadeIn && layer.state == State.InFading) {
            StartCoroutine(layer.Load());
        }

        // ③レイヤーの読み込み状況をチェックし、まだのものはm_addingListへ戻す
        if (layer.IsNotYetLoaded() || (isFadeIn && !layer.ui.ActiveWituoutFade()))
{
            m_addingList.Add(layer);
            continue;
        }

        // ④読み込みが完了していたら、レイヤーの登場開始
        if (layer.Activate()) {
            isInsert = true;
        }
    }
    return isInsert;
}
```

以下で、各処理の詳細を解説します。

①リストの中身を移し、m_addingList を空にし、追加対象のレイヤーを走査する

m_addingList の中身をいったん list へ移し、m_addingList を空にします。このあと for 文で list にある各レイヤーの状態をチェックしますが、まだ表示に値しない場合は m_addingList にレイヤーを戻し、次の Update() でも監視を続けるようにする方針です。

また、いつでも AddFront() を呼び出せる都合上、Insert() 処理中に m_addingList に追加されても問題ないように配慮した処理でもあります。

この後の処理として、フラグとして bool 値の取得して IsFadeIn() を呼び出していますが、これはフェード開始～画面が隠れきるまでのフェード中の期間である場合は true となります。

②フェードの状況をチェックし、読み込みを開始する

レイヤー（layer）がまだ読み込みを行っていない場合は、フェード中でなければ読み込みを開始します。

③レイヤーの読み込み状況をチェックし、まだのものは m_addingList へ戻す

IsNotYetLoaded() は、レイヤーが Prefab の読み込みが完了しているかどうかをチェックするメソッドです。またはフェード中だが、レイヤーの UIPreset でフェード中を無視する設定（ActiveWituoutFade()）でなければ、つまりフェード途中での表示によりちらつきと感じられる要素になるようであれば、フェードの状況を待ちます。

④読み込みが完了していたら、レイヤーの登場開始

レイヤーの表示を開始します。Activate() により、登場アニメーションを開始します。Active() は、表示開始処理が成功すると true が戻ります。どのレイヤーか 1 つでも表示処理を開始すれば、Insert() は true を返します。

レイヤー増減のポーリング監視：レイヤーの削除

Eject() によって、m_removingList にあるレイヤーの削除処理を行います。

リスト6-3-7 UIController.cs（一部）

```
private bool Eject() {
    bool isEject = false;
    if (m_removingList.Count <= 0) { return isEject; }

    // ①画面へ追加されようとするレイヤーがあるかどうかをチェックする
    bool isLoading = m_addingList.Exists(layer => {
        return (layer.IsNotYetLoaded());
    });

    // ②リストの中身を移し、m_removingListを空にし、削除対象のレイヤーを走査する
    List<UIBaseLayer> list = m_removingList;
    m_removingList = new List<UIBaseLayer>();
    bool isFadeIn = IsFadeIn();
    for (int i = 0; i < list.Count; i++) {
        UIBaseLayer layer = list[i];

        // ③フェードの状況をチェックし、レイヤーを削除待ちの状態にする
        if (!isFadeIn && layer.state == State.OutFading) {
            layer.Remove();
        }

        // ④まだ削除待ちでない、または何か読み込み中であればm_removingListへ戻す
        if (layer.state != State.Removing || isLoading) {
            m_removingList.Add(layer);
            continue;
        }

        // ⑤レイヤーの削除
        m_uiList.Eject(layer);
        layer.Destroy();
        isEject = true;
    }
    return isEject;
}
```

以下で、各処理の詳細を解説します。

①画面へ追加されようとするレイヤーがあるかどうかをチェックする

レイヤーを削除しようとするとき、何かしらのレイヤーの追加、読み込みがある場合は待つようにする方針で Eject() は実装しています。これは削除しようとするレイヤーのうち、読み込もうとしているレイヤーと同じリソースを参照している場合は、むだに再度読み込み処理が走ることになるため、読み込み完了を待つようにしています。

このリソース重複による処理負荷回避はメモリ逼迫と相反することになりますが、Unity の Scene 切替えは重複による処理負荷回避を行っているため、このような処理を採用しています。なお DMUIFramework でも、空シーンに一度 Replace() するというメモリ使用量のスパイク回避は可能です。

②リストの中身を移し、m_removingList を空にし、削除対象のレイヤーを走査する

Insert() と同様に一度ローカル変数の list へ移し、このリストに対して for 文を回すようにしています。フェードの状態も、isFadeIn へ bool 値として持ちます。

③フェードの状況をチェックし、レイヤーを削除待ちの状態にする

レイヤー（layer）が削除時のフェードの状況を待つ状態であれば、フェード中でないかぎり削除待ちの状態へ移行します。

④まだ削除待ちでない、または何か読み込み中であれば m_removingList へ戻す

削除状態でない、つまりまだ退場アニメーション中などの場合、この時は m_removingList へ戻します。また、何かしらレイヤーの読み込み中であればこの時も削除せずに、m_removingList へ戻します。

⑤レイヤーの削除

m_uiList からもレイヤーを外し、レイヤーの破棄を Destroy() を呼び出して行います。このタイミングで、UIBase の OnDestroy() も呼び出されます。どのレイヤーか 1 つでも破棄処理をすれば、Eject() は true を返します。

レイヤー増減のポーリング監視：追加、削除によるレイヤーの整理

RefreshLayer() により、増減されたレイヤーのリストを整理します。まだ読み込み中であるレイヤーは対象外ですが、そのほかの存在するレイヤーを最前面から走査して（m_uiList.ForEachAnithing() による処理をして）、処理を施して行きます。

リスト6-3-8 UIController.cs（一部）

```
private void RefreshLayer() {
    // ①前面の状態保持する変数宣言
    bool visible   = true;
    bool touchable = true;
    UIBaseLayer frontLayer = null;
    int index = m_uiLayers.childCount - 1;
    m_uiList.ForEachAnything(layer => {
        if (layer.IsNotYetLoaded()) { return; }

        // ②前面レイヤーによる背後の表示／非表示、タッチ可／不可を反映する
```

```
        bool preVisible   = layer.IsVisible();
        bool preTouchable = layer.IsTouchable();
        layer.SetVisible  (visible);
        layer.SetTouchable(touchable);
        if (!preVisible   && visible  ) { layer.ui.OnRevisible();   }
        if (!preTouchable && touchable) { layer.ui.OnRetouchable(); }
        visible   = visible   && layer.ui.BackVisible();
        touchable = touchable && layer.ui.BackTouchable();

        // ③siblingIndexを変更して表示順番を変え、双方向リストをつなぎ直す
        layer.siblingIndex = index--;
        if (frontLayer != null) {
            frontLayer.back = layer;
            frontLayer.CallSwitchBack();
        }
        layer.front = frontLayer;
        layer.CallSwitchFront();
        layer.back = null;
        frontLayer = layer;
    });
}
```

以下で、各処理の詳細を解説します。

①前面の状態保持する変数宣言

レイヤーは、前面のレイヤーからの背後の表示、タッチ設定が影響されるため変数として保持しながら、レイヤーの「表示／非表示」「タッチ可／不可」を操作します。

visible 変数：レイヤーの表示／非表示
touchable 変数：レイヤーのタッチ可／不可
frontLayer 変数：前面のレイヤーインスタンス
index 変数：表示上の重なり制御を行うインデックス値。Unity の siblingIndex への代入値

②前面レイヤーによる背後の表示／非表示、タッチ可／不可を反映する

visible、touchable 値をもとにレイヤーの表示／非表示、タッチ可／不可を切り替えます。この時に「再表示となる」「再タッチ可となる」場合は、それぞれ UIBase クラスの OnRevisible()、OnRetouchable() を呼び出します。

その後、背後のレイヤーの状態を決定するため、visible、touchable 値を更新します。

③ siblingIndex を変更して表示順番を変え、双方向リストをつなぎ直す

m_uiList 上は、最前面から最背面までは順序どおり並んでいますが、Unity 上の表示順序に反映させるためには siblingIndex を変更します。

またレイヤーは、UIBaseLayerList クラスによりリスト管理していますが、UIBaseLayer 自体にも前面、背面のレイヤーのインスタンスを参照して、双方向のリストとしてつないでいます。CallSwitchFront()、CallSwitchBack() は前後のレイヤーを切り替える処理ですが、レイヤーが切り替われば、それぞれ UIBase クラスの OnSwitchFrontUI()、OnSwitchBackUI() を内部で呼び出します。

レイヤーのステート遷移

先の項目でレイヤーのステートを紹介しましたが、ここではレイヤーの生成から削除までの変遷を追っていきます。改めて次のリストでStateの定義を確認しますが、このStateは上から下へ進行し遡ることはありません。

リスト6-3-9 UIBaseLayer.cs (一部)

```
public enum State {
    None,           // 初期値
    // ↓ invisible,、untouchable
    InFading,       // フェード終了待ち
    Loading,        // 読み込み待ち
    Adding,         // リストに追加待ち
    // ↓ visible
    InAnimation,    // 登場アニメーション中
    // ↓ screen touchable
    Active,         // 有効
    // ↓ screen untouchable
    OutAnimation,   // 退場アニメーション中
    OutFading,      // フェード終了待ち
    // ↓ invisible
    UselessLoading, // 無駄読み中
    Removing,       // リストから削除待ち
```

このステートは、レイヤーの「表示／非表示」「タッチ可／不可」に影響します、さらにタッチに関しては、対象のレイヤーでなく画面全体のタッチを操作します。これは、レイヤーが1つでも追加、削除が行われるということは画面上ではシーンの切り替わりが起きているため、不要な操作が行われないように画面全体のタッチを操作します。

これを踏まえた上で、ステートの切り替えはUIBaseLayerのProgressState()で行います。

リスト6-3-10 UIBaseLayer.cs (一部)

```
private bool ProgressState(State nextState) {
    if (m_state >= nextState) { return false; }
    m_state = nextState;
    StateFlags flags = StateFlags.map[nextState];
    if ((screenTouchOffCount == 0) != flags.touchable) {
        UIController.instance.SetScreenTouchableByLayer(this, flags.touchable);
    }
    if (flags.visible != IsVisible()) {
        if (!flags.visible || CanVisible()) {
            SetVisible(flags.visible);
        }
    }
    if (nextState == State.Active) {
        ui.OnActive();
    }
    return true;
}
```

ステートの巻き戻りをチェックした上で、ステートに合わせて、画面全体のタッチの制

御、レイヤーの表示制御を行います。メソッドの最後ではActiveのステートとなる場合に、UIBaseクラスのOnActive()を呼び出すようにしています。

ProgressState()はprivateで実装したメソッドですが、UIControllerクラスからはUIBaseLayerクラスへの指示はレイヤーとして行って欲しい処理を呼び出すようにする設計方針です。UIControllerからはProgressState()を直接呼び出さないようにし、ステートの参照だけにとどめます。

例としては、UIControllerのInsert()内で呼び出したUIBaseLayerのActivate()（リスト6-3-11）です。これは、レイヤーが画面上に登場する際の処理です。

リスト6-3-11 UIBaseLayer.cs(一部)

```
public bool Activate() {
    if (m_state != State.Adding) {
        ExceptState();
        return false;
    }
    ProgressState(State.InAnimation);
    bool isPlay = ui.PlayAnimations("In", () => {
        ProgressState(State.Active);
    });
    if (!isPlay) {
        ProgressState(State.Active);
    }
    return true;
}
```

Active()では、まずステートのチェックを行います。このメソッドが有効となるステート（Adding）のとき以外は、無効とします。その後、InAnimationへステート変更した後、登場アニメーションがある場合はアニメーションを再生後に、ない場合はActiveまでステートを進めます。

このように、ProgressState()を使用した処理はUIBaseLayerクラスだけで行うことで、処理の責任の線引きを行うようにします。

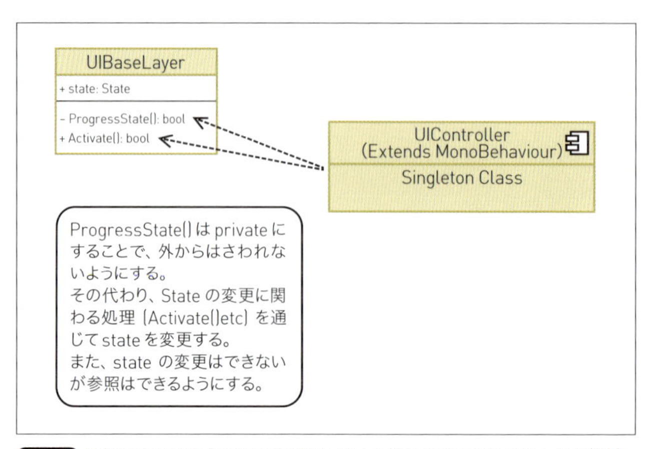

図6-3-1 UIBaseLayerのProgressState()メソッドとActivate()メソッドの役割

続いて、各ステートにおいての遷移の流れを解説します。遷移は、5つのグループに分けることができます。

①準備期間（invisible、screen untouchable）

InFading ～ Adding ステートまでの期間で、画面に表示するまでの準備をしている段階です。InFading から開始するステートは、UIController の Insert()（リスト 6-3-6）によりフェードの状況、レイヤーの読み込み、構築の状況をチェックします。UIBaseLayer クラスの Load()（リスト 6-2-2）の終了時に、Adding ステートになり登場できる状況となります。

②登場期間（visible、screen untouchable）

InAnimation のステートの期間です。レイヤーは画面上に見える状態になり、アニメーションをして登場します。UIBaseLayer の Activate()（リスト 6-3-11）によりこのステートに変更し、アニメーションの終了次第、次のステートとなります。アニメーションがなければ、このステートはスキップします。

③プレイヤー操作期間（visible、screen touchable）

Active ステートの期間です。この期間のみプレイヤーのタッチが有効になります。

④退場期間（visible、screen untouchable）

OutAnimation ～ OutFading の期間で、プレイヤーの操作によりレイヤーの削除が決定すると、この期間に移ります。この時、UIBaseLayer の Inactive() が呼び出されます。

Inactive() は、Activate() 同様にステートをチェックし、退場アニメーションがある場合は再生し OutAnimation を経由して、アニメーション後に OutFading のステートへ移ります。UIController の Eject()（リスト 6-3-7）によりフェードの状況を確認しながら、削除へ向かいます。

⑤削除期間 (invisible、screen untouchable)

UselessLoading と Removing の期間です。UselessLoading は、Loading ステート中に削除が決定した際に遷移する異常遷移用のステートです。また Removing ステートになっていれば、UIController の Eject() で破棄処理である UIBaseLayer の Destroy() を呼び出します。

またステート変更では、巻き戻りや各ステートで不適切な処理を行おうとした際に、ExceptState() を呼び出すことにより、レイヤーの削除へステートを向かわせます。読み込み中の削除処理による UselessLoading ステートへの移行もこの処理です。

リスト6-3-12 UIBaseLayer.cs（一部）

```
private void ExceptState() {
    Remove();
}

public void Remove() {
    if (m_state == State.Removing || m_state == State.UselessLoading) { return; }
    if (m_state == State.Loading) {
        ProgressState(State.UselessLoading);
    } else {
        ProgressState(State.Removing);
    }
}
```

タッチ制御

ボタンなどのタッチ判定に関するコンポーネントでは、UITouchListener コンポーネントのアタッチが必要です。この UITouchListener と UIController の連携について解説します。

UIController が UITouchListener と紐づけているのは、CollectComponents()（リスト 6-2-4）の処理中に UITouchListener の SetUI() を呼び出すことにより行います。

リスト6-3-13 UITouchListener.cs (一部)

```
public void SetUI(UIBaseLayer layer, UIPart ui) {
    int generation = GetGeneration(transform, ui.root);
    if (m_generation < generation) {
        return;
    }
    m_layer = layer;
    m_ui = ui;
    m_generation = generation;
}
```

SetUI() では、はじめに generation を求めています。これは、UIBase および UIPart が指す root のゲームオブジェクトと、この UITouchListener コンポーネントのゲームオブジェクトとの親子関係の距離を示しています（4 章「4-8 UIPart クラスの利用」の「部品のタッチ判定」の項目を参照）。

この距離の近い UIBase ／ UIPart のインスタンスをフィールド m_ui に所持し紐づけることで、UIBase に所属する UIPart にのみ OnClick() などのタッチ判定を通知することを可能にします。

UITouchListener クラスでは、Unity のイベントシステムを用いて「クリック」「タッチのアップ」「ダウン」「ドラッグ」を検知し、UIController へイベントを渡します。

リスト6-3-14 UITouchListener.cs (一部)

```
// クリックのイベント検知時の呼び出しメソッド
public void OnPointerClick(PointerEventData pointer) {
    UIController.instance.ListenTouch(this, TouchType.Click, pointer);
}
```

UIController の ListenTouch() を呼び出すことで、UIController においてタッチの種類とともにイベント情報をキューとしてフィールド m_touchEvents（Queue<TouchEvent> 型）に残します。

残したイベントはすぐに UIBase/UIPart へ通知を流さずに、Update()（リスト 6-3-4）のタイミングで RunTouchEvents() を呼び出し、タッチイベントを一括して処理します。一度イベントを溜め込むことで、複数のタッチを検知した際の排他制御処理を行いやすくします。

リスト6-3-15 UIController.cs (一部)

```
private void RunTouchEvents() {
    if (m_touchEvents.Count == 0) { return; }

    // ①タッチ制御用にローカル変数宣言
```

```
    bool ret = false;
    int untouchableIndex = FindUntouchableIndex();
    Queue<TouchEvent> queue = new Queue<TouchEvent>(m_touchEvents);
    m_touchEvents.Clear();
    while (queue.Count > 0) {
        TouchEvent touch = queue.Dequeue();

        // ②タッチ処理が可能かどうかを判定する
        if (ret) { continue; }
        if (touch.listener.layer == null) { continue; }
        bool touchable = true;
        touchable = touchable && IsScreentouchable();
        touchable = touchable && touch.listener.layer.IsTouchable();
        touchable = touchable && untouchableIndex < touch.listener.layer.
siblingIndex;

        // ③タッチの種類に応じてUIBase／UIPartのメソッドを呼び出す
        UIPart ui = touch.listener.ui;
        switch (touch.type) {
            case TouchType.Click: {
                UIPart.SE se = new UIPart.SE();
                ret = ui.OnClick(touch.listener.gameObject.name, touch.listener.
gameObject, touch.pointer, se);
                if (ret && m_implements.sounder != null) {
                    if (!string.IsNullOrEmpty(se.playName)) {
                        m_implements.sounder.PlayClickSE(se.playName);
                    } else {
                        m_implements.sounder.PlayDefaultClickSE();
                    }
                }
                break;
            }
            case TouchType.Down: {
                ret = ui.OnTouchDown(touch.listener.gameObject.name, touch.listener.
gameObject, touch.pointer);
                break;
            }
            case TouchType.Up: {
                ret = ui.OnTouchUp(touch.listener.gameObject.name, touch.listener.
gameObject, touch.pointer);
                break;
            }
            case TouchType.Drag: {
                ret = ui.OnDrag(touch.listener.gameObject.name, touch.listener.
gameObject, touch.pointer);
                break;
            }
            default: break;
        }
    }
}
```

以下で、各処理の詳細を解説します。

①タッチ制御用にローカル変数宣言

キュー溜まったタッチイベントを、ループして空になるまで処理を行います。変数 ret の役割は、UIBase ／ UIPart のタッチ系メソッドの戻り bool 値を格納します。また、変数 untouchableIndex では、FindUntouchableIndex() を通してこのレイヤーより背後にある場合は押せないという線引きとなる siblingIndex 値を取得します。

②タッチ処理が可能かどうかを判定する

タッチ処理が可能かどうかは、次の 5 点をチェックしています。

- ret 値をチェックし、まだタッチ処理を終えたイベントがない
- UITouchListener の ui プロパティの null チェックが問題ない（レイヤーが破棄されていないかチェック）
- 画面全体がタッチできる
- レイヤー自体がタッチできる
- タッチできないレイヤーより手前にある

また、一度変数 touchable に代入している判定は、ポジティブ系としての表記のほうが読みやすい処理を集めています。

③タッチの種類に応じて UIBase ／ UIPart のメソッドを呼び出す

タッチの種類に応じて、UIBase ／ UIPart のタッチ系メソッドを呼び出します。このメソッドの戻り値が変数 ret へ代入されますが、true が返ってくるとタッチ判定のループ処理は実質終了となり、残りのタッチイベントは破棄されます。また OnClick() では、SE 再生の処理も行います。

イベント発信制御

UIController の Dispatch() でほかのレイヤーに対してイベントを発信する場合は、タッチ制御と同様に Dispatch() を呼び出した瞬間に各レイヤーに通知するのではなく、一度キューにイベントを貯めた上で、UIController の Update()（リスト 6-3-4）で RunDispatchedEvents() を呼び出して処理します。

リスト6-3-16 UIController.cs

```
private void RunDispatchedEvents() {
    if (m_dispatchedEvents.Count == 0) { return; }
    Queue<DispatchedEvent> queue = new Queue<DispatchedEvent>(m_dispatchedEvents);
    m_dispatchedEvents.Clear();
    while (queue.Count > 0) {
        DispatchedEvent e = queue.Dequeue();
        m_uiList.ForEachOnlyActive(layer => {
            layer.ui.OnDispatchedEvent(e.name, e.param);
        });
    }
}
```

UIController の Dispatch() で、フィールド m_dispatchedEvents に貯まったイベント情報を while ループにより取り出しながら、Active なステートのレイヤーすべてに対して m_uiList.ForEachOnlyActive() を通して、UIBase の OnDispatchedEvent() を呼び出します。

6-4 UI の部品機能

レイヤーに所属する形で UIPart を付与して UI の部品の挙動として振る舞う機能ですが、UIBase クラスでは UIPart クラス、UIBaseLayer クラスでは UIPartContainer クラスを継承しているために共通となる挙動があります。この節では、UIPart にフォーカスを当てて解説します。

UIPart、UIPartContainer の役割

UIPart クラスの役割は、主に次の 3 つです。

- コンストラクタで指定されたゲームオブジェクト、または、Prefab から読み込み構築したゲームオブジェクトを保持
- 上記のゲームオブジェクトが保有するアニメーターを保持し再生
- 読み込み完了、破棄、およびタッチ系の virtual メソッドの定義

UIBase クラスと UIBaseLayer クラスの関係と同様に、Prefab の読み込みや構築自体の処理は、UIPartContainer クラスの役割にして分離しています。また読み込み処理は、UIBase クラスに比べるとシンプルです。

リスト6-4-1 UIPartContainer.cs (一部)

```
public UIPartContainer(UIPart ui) {
    m_ui = ui;
}

public IEnumerator LoadAndSetup(UIBaseLayer layer) {
    // ①Prefabの読み込み、生成処理
    if (m_ui.root == null && !string.IsNullOrEmpty(m_ui.prefabPath)) {
        PrefabReceiver receiver = new PrefabReceiver();
        yield return UIController.implements.prefabLoader.Load(m_ui.prefabPath,
receiver);
        m_prefab = receiver.prefab;

        if (m_prefab != null) {
            GameObject g = GameObject.Instantiate(m_prefab) as GameObject;
            m_ui.root = g.transform;
        }
    }
    if (m_ui.root == null) {
        m_ui.root = new GameObject("root").transform;
    }

    // ②ゲームオブジェクトをもとにUIの部品を構築
    m_ui.root.gameObject.SetActive(false);
    CollectComponents(m_ui.root.gameObject, layer);
    yield return m_ui.OnLoaded((UIBase)layer.m_ui);
    m_ui.root.gameObject.SetActive(true);
}
```

以下で、各処理の詳細を解説します。

① Prefab の読み込み、生成処理

UIBaseLayer クラスとは違い、コンストラクタには読み込み対象の Prefab のパスではなく、ゲームオブジェクトが渡されることもあります。そのため m_ui.root の null チェックを通して、すでに UIPart のルートに紐づくゲームオブジェクトを保有しているかどうかを確認します。Prefab を読み込む必要があれば読み込み、Instantiate() を実行します。

②ゲームオブジェクトをもとに UI の部品を構築

UIPart クラスの OnLoaded() を呼び出しますが、画面上に OnLoaded() を通す前の UI を表示させないために、root の active を false にしておきます。また、このタイミングで UIBaseLayer クラスの Load() メソッドでも行った CollectComponents() を呼び出し、UITouchListener、Animator のインスタンスを回収しておきます。

アニメーター制御

レイヤーが登場／退場する際は、OriginalUIAnimator.controller をもとにした Animator コンポーネントがアタッチされていると、自動的にアニメーションを再生するように処理します。そのため UIPart の構築段階で、root 配下のゲームオブジェクトすべてから Animator インスタンスの回収を CollectComponents()（リスト 6-2-4）で行います。

UIPart は、PlayAnimations() によって回収した Animator インスタンスすべてに対してアニメーションを再生するため、Animator のステートを変更します。PlayAnimations() は、終了時のコールバック呼び出しを受け付けるための Action を渡すことができます。この Action を通して、レイヤーでは登場／退場アニメーション終了時のステートを変更しています。

リスト6-4-2 UIPart.cs（一部）

```
public bool PlayAnimations(string name, Action callback = null, bool exit = false)
{
    // ①すでにアニメーションを再生している場合は無効とする
    if (m_playCount > 0) {
        return false;
    }
    m_exit = exit;

    // ②アニメーションを再生し対象となったAnimatorの数を取得する
    int count = Play(name);
    if (count <= 0) {
        return false;
    }
    if (callback != null) {
        m_playCount    = count;
        m_stopCallback = callback;
    }
    return true;
}
```

```
private int Play(string name) {
    string playName = UIStateBehaviour.LayerName + name;
    int count = 0;

    // ③回収したAnimatorのうちUIStateBehaviourに対してコールバックの設定
    for (int i = 0; i < m_animators.Length; i++) {
        UIStateBehaviour[] states = m_animators[i].GetBehaviours<UIStateBehavio
ur>();
        for (int j = 0; j < states.Length; j++) {
            states[j].ExitCallback = onExit;
            states[j].PlayName = playName;
        }
        if (states.Length > 0) {
            m_animators[i].Play(playName);
            ++count;
        }
    }
    return count;
}

private void onExit(Animator animator) {
    // ④再生カウントを考慮し、全アニメーションが終了したらコールバックを呼び出す
    if (m_exit) {
        animator.enabled = false;
    }
    if (--m_playCount <= 0) {
        if (m_stopCallback != null) {
            m_stopCallback();
        }
    }
}
```

以下で、各処理の詳細を解説します。

①すでにアニメーションを再生している場合は無効とする

フィールド m_playCount は、再生終了後にコールバックが呼ばれる必要がある（引数 callback が null でない）場合、現在再生中の Animator 数を持ちますが、何か再生中であればコールバックを呼ぶタイミングが不都合となるため、PlayAnimations() 自体を無効とします。

「アニメーションを再生する＝ Animator のステート変更」となるので、コールバックの設定は 1 つしか受け付けない仕様としています。なお、コールバックを指定せずに PlayAnimations() を呼び出している場合は、無効対象とはなりません。

②アニメーションを再生し対象となった Animator の数を取得する

Play() により Animator の再生対象のステートを指定し、アニメーションを再生します。戻り値として再生 Animator 数が返りますが、この数はアニメーション再生が終了するとカウントが減るため、このカウントが 0 になるとアニメーションはすべて終了と判断します。その後、たとえばレイヤーの登場アニメーションが終了した場合は、Active のステートへ移行します。

③回収したAnimatorのうちUIStateBehaviourに対してコールバックの設定

OriginalUIAnimator.controllerには、各ステートに対して事前にUIStateBehaviourをアタッチしています。このUIStateBehaviourに対して、再生するアニメーション名と終了時のコールバック（onExit()）を紐づけます。もし、AnimatorにUIStateBehaviourが存在しない場合は、DMUIFrameworkで扱うAnimatorとは異なるものとして対象外とみなします。

④再生カウントを考慮し、全アニメーションが終了したらコールバックを呼び出す

Animatorによるアニメーション再生が終了したら（Animatorのステートが移行しようとしたら）、onExit()が呼び出されます。ここで再生数をカウントダウンし、0となった場合はアニメーションを終了して、PlayAnimations()で指定したコールバック（m_stopCallback）を呼び出します。

また、PlayAnimations()の第3引数でexitをtrueとしてある場合は、そのままAnimator自体を「enable:false」にします。これは、レイヤーの退場アニメーション後に、別のアニメーションを再生しようとすることを防ぐためです。

UIBaseへの所属

UIPartクラスは、部品としての役割であり、レイヤーインスタンスへの所属が求められます。

リスト6-4-3 UIController.cs（一部）

```
public void AttachParts(UIBase uiBase, List<UIPart> parts) {
    UIBaseLayer layer = m_uiList.Find(uiBase);
    if (layer == null) { return; }
    StartCoroutine(layer.AttachParts(parts));
}
```

所属する際は、所属先のUIBaseのインスタンスを指定することにより、UIBaseLayerのインスタンスを特定して所属させます。

リスト6-4-4 UIBaseLayer.cs（一部）

```
public IEnumerator AttachParts(List<UIPart> parts) {
    if (m_state > State.Active) { yield break; }
    for (int i = 0; i < parts.Count; i++) {
        UIPartContainer container = new UIPartContainer(parts[i]);
        m_uiParts.Add(container);
        yield return container.LoadAndSetup(this);
    }
}
```

UIBaseLayerインスタンスは、AttachParts()を通してUIPartインスタンスを保有するUIPartContainerインスタンスを生成し、UIの部品として構築した上で保持します。また、AttachParts()ではレイヤーのステートをチェックしますが、Activeより先のステートではもう削除が確定されているタイミングなので、所属させないようにしています。

UIの部品の取り外しでも、UIBaseインスタンスを通してレイヤーを特定し、UIPartContainerインスタンスを削除することで部品を取り外します。

リスト6-4-5 UIBaseLayer.cs（一部）

```
public void DetachParts(List<UIPart> parts) {
    if (m_state != State.Active) { return; }
    for (int i = 0; i < parts.Count; i++) {
        m_uiParts.RemoveAll(container => {
            return container.ui == parts[i];
        });
        parts[i].Destroy();
    }
}
```

COLUMN UIアニメーションの終了判定

今回Unityへの移植に際して、最も苦労した箇所はアニメーションの終了判定でした。DMUIFrameworkでは、UIの登場および、退場時はデザイナーが設定したアニメーションを自動的に再生するという機能が重要な機能であるため、必須となる実装でした。

Animationの再生だけであれば問題ありませんが、1つのレイヤーに対して複数のAnimationが仕込まれていることを考慮すると、各Animationの再生終了判定をどのように取得するかがポイントになりました。Animationの最後にイベントを仕掛けるわけにもいかないため、AnimatorによるステートマシンとUIStateBehaviourを駆使した仕組みとなっています。

UIのアニメーションを仕込む際は、DMUIFrameworkに内包してあるOriginal UIAnimator.controllerをコピーし、使用してください。

6-5 UIフレームワークの各種実装

これまではUIのレイヤー、および部品を起点に実装を解説してきましたが、最後に、DMUIFrameworkで行っているそのほかの実装について、まとめて解説します。

レイヤーのReplace()

UIControllerクラスのReplace()は、追加すると同時にそのレイヤーと同じグループの既存のレイヤーを削除する処理です。さらに削除対象のUIGroupを引数に追加することで、削除するグループを増やします。ここでは、重複回避のために削除グループの保持は、HashSetを使用しています。

リスト6-5-1 UIController.cs (一部)

```
public void Replace(UIBase[] uis, UIGroup[] removeGroups = null) {
    HashSet<UIGroup> removes = (removeGroups == null) ? new HashSet<UIGroup>() : new
HashSet<UIGroup>(removeGroups);
    for (int i = 0; i < uis.Length; i++) {
        removes.Add(uis[i].group);
    }
    foreach (UIGroup group in removes) {
        List<UIBaseLayer> layers = m_uiList.FindLayers(group);
        for (int i = 0; i < layers.Count; i++) {
            Remove(layers[i].ui);
        }
    }
    for (int i = 0; i < uis.Length; i++) {
        AddFront(uis[i]);
    }
}
```

バックキー対応

バックキーの仕様は、UIBackableクラス（UIGroup.cs）のgroupsで指定したグループの最前面のUIBaseインスタンスのOnBack()を呼び出すことです。もしtrueが戻った場合は、そのレイヤーを削除します。

リスト6-5-2 UIController.cs (一部)

```
public void Back() {
    UIBaseLayer layer = null;
    for (int i = 0; i < UIBackable.groups.Count; i++) {
        // 対象グループの最前面のレイヤーを取得する
        layer = m_uiList.FindFrontLayerInGroup(UIBackable.groups[i]);
        if (layer != null) { break; }
    }
    if (layer == null) { return; }

    bool ret = layer.ui.OnBack();
```

```
    if (ret) {
        Remove(layer.ui);
    }
}
```

画面全体のタッチ制御

レイヤーごとのタッチ制御の仕組みについては、前述の「6-2 UIBaseLayer による読み込み処理」で解説したように、レイヤーごとにタッチを無効にするゲームオブジェクトを配置して行っています。タッチされた時のレイキャストが無効用のゲームオブジェクトに当たり、その背後にあるレイヤーへタッチを取らなくなる仕組みです。

画面全体でタッチを制御する場合は、このレイキャスト自体を切ります。このレイキャストの指定は、OriginalScene.unity の UIController のコンポーネントの Raycasters で事前に行っています。

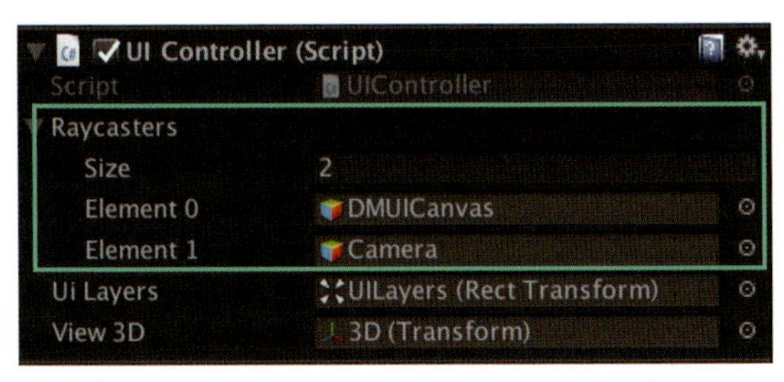

図 6-5-1 UIController コンポーネントの Raycasters の指定

画面全体のタッチを制御する際は、UIController クラスの SetScreenTouchable() を呼び出して行います。さまざまな箇所から呼び出されることを前提とするため、呼び出しカウントを取る仕組みで実装しています。無効の場合はカウントアップ、有効の場合はカウントダウンを行い、1 対 1 の呼び出しを前提とした処理になります。

引数には、UIBase のインスタンスを渡す必要があります。呼び出しカウントは UIBase と紐づくようになっていて、UIBase のインスタンスが削除される際は、その UIBase を呼び出してカウント分のタッチを有効化することで、フェイルセーフの仕組みを入れています。

リスト6-5-3 UIController.cs (一部)

```
public void SetScreenTouchable(UIBase uiBase, bool enable) {
    UIBaseLayer layer = m_uiList.Find(uiBase);
    if (layer == null) { return; }
    SetScreenTouchableByLayer(layer, enable);
}

public void SetScreenTouchableByLayer(UIBaseLayer layer, bool enable) {
    if (layer == null) { return; }
    if (enable) {
        if (m_touchOffCount <= 0) { return; }
        --m_touchOffCount;
        --layer.screenTouchOffCount;
        if (m_touchOffCount == 0) {
```

```
            for (int i = 0; i < m_raycasterComponents.Count; i++) {
                // Raycastersから取得したレイキャストのコンポーネント
                m_raycasterComponents[i].enabled = true;
            }
        }
    } else {
        if (m_touchOffCount == 0) {
            for (int i = 0; i < m_raycasterComponents.Count; i++) {
                m_raycasterComponents[i].enabled = false;
            }
        }
        ++m_touchOffCount;
        ++layer.screenTouchOffCount;
    }
}
```

フェード機能

DMUIFramework では、レイヤーの設定、および UIGroup.cs 内の UIFadeTarget.group、UIFadeThreshold.group により自動的に画面にフェードを入れます。レイヤーの追加、削除が起点になるので、UIController の AddFront() と Remove() でフェードの必要があるかどうかをチェックします。

リスト6-5-4 UIController.cs (一部)

```
private bool ShouldFadeByAdding(UIBase ui) {
    if (m_uiFade != null) { return false; }
    if (UIFadeTarget.groups.Contains(ui.group)) { return true; }
    bool has = UIFadeThreshold.groups.ContainsKey(ui.group);
    if (has && m_uiList.GetNumInGroup(ui.group) <= UIFadeThreshold.groups[ui.
group]) {
        return true;
    }
    return false;
}

private bool ShouldFadeByRemoving(UIBase ui) {
    if (m_uiFade != null) { return false; }
    if (UIFadeTarget.groups.Contains(ui.group)) { return true; }
    bool has = UIFadeThreshold.groups.ContainsKey(ui.group);
    if (has) {
        int sceneNum = UIBaseLayerList.GetNumInGroup(ui.group, m_removingList);
        if (m_uiList.GetNumInGroup(ui.group) - sceneNum <= UIFadeThreshold.
groups[ui.group]) {
            return true;
        }
    }
    return false;
}
```

追加用の ShouldFadeByAdding()、削除用の ShouldFadeByRemoving() ではチェック処理が異なりますが、行っていることは「すでにフェードしているか」「UIFadeTarget.group に含まれているレイヤーグループか」「UIFadeThreshold.group に含まれていたら閾値を超えているか」の3点をチェックして、フェードを行うかどうかを決定しています。

フェードを開始してからは、リスト6-3-6のInsert()、リスト6-3-7のEject()処理でフェードの状況を監視しつつ、ほかのレイヤーの読み込みや構築などの処理をフェードの背後で行います。

BGM再生

前述の「6-3 レイヤー増減のポーリング監視：全体俯瞰」で解説したUpdate()で、レイヤーの追加や削除した際の最後の処理にPlayBGM()が呼び出されます。この処理では表示可能なレイヤーのステートであり、BGM設定をしているレイヤーかどうかを前面からチェックして、見つかり次第再生します。

リスト6-5-5 UIController.cs(一部)

```
private void PlayBGM() {
    if (m_implements.sounder == null) { return; }
    string bgm = "";
    m_uiList.ForEachAnything(l => {
        if (!StateFlags.map[l.state].visible) { return; }
        if (!string.IsNullOrEmpty(bgm)) { return; }
        if (!string.IsNullOrEmpty(l.ui.bgm)) {
            bgm = l.ui.bgm;
        }
    });
    if (string.IsNullOrEmpty(bgm)) {
        m_implements.sounder.StopBGM();
    } else {
        m_implements.sounder.PlayBGM(bgm);
    }
}
```

レイヤーの非表示における3Dとの関連性

DMUIFrameworkでの3Dの仕様は、4章の「4-10 DMUIFrameworkにおける3D」で解説したように、UnityのCanvasコンポーネントのPlaneDistanceの値次第で表示上、最前面や最背面に3Dオブジェクトを配置することができます。

しかし、擬似的にはレイヤーとして扱っており、UIGroup.View3Dの初期設定では最背面に配置され、挙動のルールはほかのレイヤーと差はありません。ここではUIVisibleControllerクラスを軸に、レイヤーの非表示の仕組みについて解説します。

UIBaseクラスのコンストラクタでは、UIPreset.View3D（View3D()）に応じて、非表示対象のコンポーネントを切り替えています。

リスト6-5-6 UIBase.cs(一部)

```
private List<UIVisibleController> m_visibleControllers = new
List<UIVisibleController>();
public List<UIVisibleController> visibleControllers {
    get { return m_visibleControllers; }
}
```

```
public UIBase(string prefabPath, UIGroup group, UIPreset preset = UIPreset.None,
string bgm = "") : base(prefabPath){
    m_group = group;
    m_preset = preset;
    m_bgm = bgm;
    if (View3D()) {
        AddRendererController();
    } else {
        AddVisibleBehaviourController<Graphic>();
    }
}

// 3D用：Rendererコンポーネントを非表示対象
protected void AddRendererController() {
    m_visibleControllers.Add(new UIRendererController());
}

// 主にuGUI用：Behaviourクラスを継承したコンポーネントを指定
protected void AddVisibleBehaviourController<T>() where T : Behaviour {
    m_visibleControllers.Add(new UIBehaviourController<T>());
}
```

フィールドm_visibleControllers(List<UIVisibleController>)は、非表示対象にするコンポーネントを管理するリストです。前面レイヤーによる背面の非表示となる場合は、このリストを通して非表示処理であるSetVisible()を呼び出します。

リスト6-5-7 UIBaseLayer.cs (一部)

```
public void SetVisible(bool enable) {
    if (enable && !StateFlags.map[m_state].visible) { return; }
    if (m_origin == null) { return; }
    if (ui.visibleControllers.Count <= 0) {
        ui.root.gameObject.SetActive(enable);
    } else {
        for (int i = 0; i < ui.visibleControllers.Count; i++){
            ui.visibleControllers[i].SetVisible(ui.root.gameObject, enable);
        }
    }
}
```

ここでは、UIBaseのvisibleControllersプロパティを通して、UIVisibleControllerのSetVisible()を呼び出し、各コンポーネントの表示切り替えを行います。

UIVisibleControllerのSetVisible()では、表示から非表示への切り替えを行うコンポーネントがすでに非表示である場合を考慮し、非表示にする前の状態をDictionaryへ保存してから非表示にします。表示状態に戻す際は、保存した状態に戻すように処理します。

リスト6-5-8 UIVisibleController.cs (一部)

```
private Dictionary<Component, bool> m_components = new Dictionary<Component,
bool>();

public void SetVisible(GameObject target, bool enable) {
    if (m_components == null) { return; }
```

```
    if (enable) {
        if (IsVisible()) { return; }
        foreach (KeyValuePair<Component, bool> pair in m_components) {
            SetEnable(pair.Key, pair.Value);
        }
        m_components.Clear();
    } else {
        if (!IsVisible()) { return; }
        Component[] components = GetComponents(target);
        for (int i = 0; i < components.Length; i++) {
            Component component = components[i];
            // コンポーネントのenableを保存する
            m_components.Add(component, IsEnable(component));
            // コンポーネントのenableを切り替える
            SetEnable(component, false);
        }
    }
}
```

数字

A

B

C

D

E

F

G

あ行

か行

さ行

た行

な行

は行

ま行

や行

ら行

わ行

著者紹介

西村 拓也（にしむら たくや）

2007年に株式会社レベルファイブに新卒入社。以後ゲーム業界で活動し、コンシューマ携帯ゲーム、Cocos2d-xやUnityによるスマートフォンゲーム制作に携わる。
2014年に株式会社ドリコムへ入社。『ダービースタリオン マスターズ』では、クライアントエンジニアリーダーを担当。本書の内容であるUIフレームワークによるアウトゲーム設計や、レースロジックの実装、クライアントエンジニアのタスクマネージメントを行った。

冨田 篤（とみた あつし）

2008年にモバイルコンテンツプロバイダの企業に新卒入社。社会人からデザインの勉強を始め、約4年間携帯向けコンテンツの制作・運用に携わる。
2012年に株式会社ドリコムへ入社。ブラウザゲーム全盛期〜ネイティブシフトの波を経験。『ダービースタリオン マスターズ』では、デザインのリーダーを担当。デザイン面の統括と、UIデザイン／設計を主に行った。

株式会社ドリコムについて

株式会社ドリコムは、期待を超える「発明」を産み続ける会社として、皆の生活を変える新しい価値を提供できるよう、日々取り組んでおります。
「コミュニケーション」を軸とし、モバイル向けコンテンツやインターネット広告など、様々なサービスの企画・開発を行うインターネットにおける「ものづくり企業」です。現在、「ゲーム事業」、「広告・メディア事業」の2事業をコアビジネスとして、注力しております。

https://www.drecom.co.jp/

■カバー・本文デザイン：宮嶋 章文
■本文DTP：辻 憲二

ダービースタリオン マスターズで学ぶ
ゲームUI/UX制作実践ガイド Unity対応版

2018年8月25日 初版第1刷発行

著者　西村 拓也、冨田 篤
発行人　村上 徹
編集　佐藤 英一
発行　株式会社ボーンデジタル
〒102－0074
東京都千代田区九段南1丁目5番5号 九段サウスサイドスクエア
Tel : 03-5215-8671　Fax : 03-5215-8667
http://www.borndigital.co.jp/book/
E-mail : info@borndigital.co.jp

印刷・製本　シナノ書籍印刷株式会社

ISBN978-4-86246-427-9
Printed in Japan